青少年探索文化文明故事书系

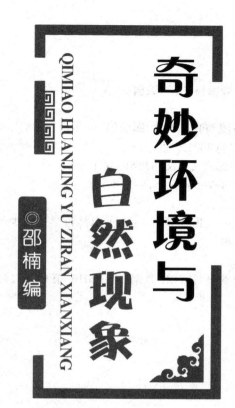

QIMIAO HUANJING YU ZIRAN XIANXIANG

奇妙环境与自然现象

◎邵楠 编

黄河水利出版社

·郑州·

图书在版编目(CIP)数据

奇妙环境与自然现象/邵楠编.—郑州:黄河水利出
版社,2016.7（2021.8 重印）
(青少年探索文化文明故事书系)
ISBN 978-7-5509-1515-2

Ⅰ.①奇…　Ⅱ.①邵…　Ⅲ.①自然科学—青少年读
物　Ⅳ.①N49

中国版本图书馆CIP数据核字(2016)第187322号

出版发行:黄河水利出版社

社　　址:河南省郑州市顺河路黄委会综合楼14层
电　　话:0371-66026940　　邮政编码:450003
网　　址:http://www.yrcp.com

印　　刷:三河市人民印务有限公司
开　　本:787mm×1092mm　　1/16
印　　张:11.25
字　　数:172千字
版　　次:2016年7月第1版　　2021年8月第3次印刷
定　　价:39.90元

目　录

奇妙环境

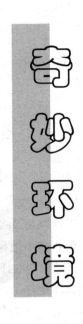

奇妙环境

热 带 雨 林

小 猴 子 放 哨 的 故 事

"喂,别打盹儿,好好放哨!"

同伴的叫喊声把我从睡梦中惊醒。我这才发现,中午饱餐之后,我竟然忘记了自己放哨的任务,在树上不知不觉地打起了盹。

我懒洋洋地打了一个哈欠,将长长的尾巴缠绕在树枝上,灵巧地翻了一个跟头。打了一会儿盹,现在精神好多了。什么?你问我为什么要站岗放哨?咳,不都是因为你们人类弄得我们猴子家族整天提心吊胆的,一提起你们人类,我就气不打一处来。

告诉你吧,我们可不是一般的猴子,我们是正宗的亚马孙猴子。这一片热带雨林就是我们祖祖辈辈生活的家园,这里有很多我们喜欢吃的野果和嫩叶。在这里,我们的爷爷奶奶、爸爸妈妈曾经过着和平、宁静的生活。可是,到了我们这一代,情况就不同了。不知从什么时候开始,别的家族的猴子们背井离乡搬迁到我们这里,弄得我们原本富足的生活开始紧张起来了。它们异口同声地说在原来的家园已经活不下去了,所以才卷起铺盖来到了这里。

"这怎么会呢?地球上有的是树林,哪个森林养不起一个猴子家族啊!怎么可能没有你们的家园呢?"

"可恶的人类把我们家园里的树都砍光了。我们没有吃的,没有喝的,就连住的地方都没有啦!"

"人类为什么要砍树?"

"听他们说是为了在公路上架桥。"

来自他乡的猴子们你一言我一语地诉说着各自不幸的遭遇。有的猴子说自己村里的树木被人类砍下,卖到城里人那里换钱了;也有的猴子说自己故乡的树木被人类砍光,那儿已经变成了人类种植谷物的田地。

"别提了!甭说我们的家园,就是你们的这片热带雨林,只要人类往这里踏进一只脚,这里早晚也会变成一片荒野。到那个时候,我想你们也要像我们一样,背井离乡流浪到别的地方去。"

听着这些从外地逃难到这里的猴子们的描述,我的眼前不禁浮现出人类砍伐树林的情景。数不清的人扛着现代化器械闯入我们的树林里,像一群群啃咬树皮的白蚂蚁,无情地吞噬着我们的家园。

我们开始研究对策,讨论如何防止人类毁坏我们的热带雨林。最后我们决定安排猴子站岗放哨,让它们时刻站在高高的树枝上望风,只要发现人类进入就立刻发出警报。

啊,不好,有情况!原来是一个小男孩,他扒开像雨伞那么大的芭蕉叶,正向我们的领地靠近呢!

我马上发信号。接到我的信号,我们的家族成员立刻集中到预定地点。只见它们个个露出凶狠的样子,想要好好地教训教训来犯之敌。

然而,见到我们的时候,那个小家伙不仅没有害怕,反倒显得很兴奋,像是久违的朋友重相聚一样开心。这是怎么回事?我们都愣住了。

"哇!这么多的猴子呀,我还是第一次看见呢!我爷爷说得一点也没有错。"

"你爷爷?你爷爷是谁呀?"

"嗯,我爷爷是一个护林员。他老人家专门制止别人砍伐树木,一旦发现有人毁坏这片热带雨林,他就抓住那个人狠狠地惩罚一顿,我爷爷甚至还可以把那些人抓起来送进监狱呢。我爷爷说他曾经在这片雨林里见过一大群的猴子,可后来随着热带雨林的减少就再也没有见过它们。我今天才发现你们原来都躲在这里!"

"这么说,你和你爷爷是专门保护我们的人?"

本来打算让那些毁坏我们家园的人类尝尝我们的厉害,可没想到竟然碰上了同情我们、保护我们的小家伙!

热带雨林在什么地方呢?

热带雨林是地球上一种常见于赤道附近热带地区的森林生态系统,主要分布于东南亚、澳大利亚北部、南美洲亚马孙河流域、非洲刚果河流域、中美洲和众多太平洋岛屿。

热带雨林是地球上抵抗力稳定性最高的生物群落,长年气候炎热,雨量充沛,季节差异极不明显,生物群落演替速度极快,是世界上大于一半的动植物物种的栖息地。

热带雨林无疑是地球赐予人类最为宝贵的资源之一。由于现时有超过25%的现代药物是由热带雨林植物所提炼,所以热带雨林被称为"世界上最大的药房"。同时由于众多雨林植物的光合作用净化地球空气的能力尤为强大,其中仅亚马孙热带雨林产生的氧气就占全球氧气总量的三分之一,故有"地球之肺"的美誉。

热带雨林主要的作用是调节气候,防止水土流失,净化空气,保证地球生物圈的物质循环有序进行。

亚马孙流域的热带雨林

亚马孙热带雨林,世界最大的森林,森林茂密,动植物种类繁多,有"世界动植物王国"之称。雨林出现在热带,靠赤道很近。丰富的雨量使森林生长得特别茂盛。亚马孙流域的热带雨林大半位于巴西。这里雨量充沛，加上安第斯山脉冰雪消融带来大量流水，每年有大部分时间为洪水淹没。雨林几乎全年闷热潮湿，日间气温约33 ℃，夜间气温约23 ℃。亚马孙雨林是世界上最大的雨林，有700万平方千米。它从安第斯山脉低坡延伸到巴西的大西洋海岸。亚马孙雨林对于全世界以及生存在世界上的一切生物的健康都是至关重要的。这片森林对世界气候有很大影响，树林能够吸收二氧化碳，二氧化碳的大量存在使地球变暖，以至极地冰盖融化，引起洪水泛滥。树木也产生氧气，它是人类及所有动物的生命所必需的。亚马孙雨林产生的氧气占全球氧气总量的1/3，被称为"地球之肺"。这一林区蕴藏的木材占全世界木材总蕴藏量的45%，蓄积着8亿立方米的木材，其经济价值超过7 000亿美元。生物物种占全世界总数的1/5，植物种类和鸟类各占世界的一半，淡水资源占世界总量的18%。河里有2 000多种淡水鱼，是人类非常珍贵的生物资源宝库。亚马孙平原的野生动物种类非常繁多，而且数量丰富。9世纪末，根据一位英国自然学者的统计，共有14 712种动物，其中8 000多种尚未为人所知，现在已知的动物和鸟类超出了10万种，可能另外还有几百万种正等待着人们去发现。在亚马孙雨林一个相当于8～10座房子和园子规模的区域里，生长着约60种不同的树木。这是欧洲或北美同样面积的森林里所能发现的树木种类的15倍。亚马孙生态区占巴西国土的60%，有森林面积400万平方千米，其中雨林占65%。因此，亚马孙河流域对全球气候和生态环境的影响是举足轻重的。

由于开发不当和保护不利，巴西的亚马孙雨林正在遭到严重的破坏，热带雨林面积正以惊人的速度减少，森林覆盖率已从原来的80%减少到58%，以致动植物资源遭到破坏，造成水土流失、暴雨、旱灾、土地荒漠化等一系列环境问题。专家们说，这种情况对物种保护和全球气候的平衡有可能构成威胁。据专家估计，相比2000年的雨林的损失达4.4万平方千米，是巴西政府估计的三倍。亚马孙地区毁林速度惊人，平均每8秒就有一个足球场大小的森林在那里消失。亚马孙雨林目前正遭受着历史上第二次严重破坏，这已引起巴西以及国际环保组织的密切关注。据卫星资料显示，从1999年8月至今，已有2万多平方千米的森林消失。历史上最严重的一次毁林事件发生在1995年，当时有2.9万平方千米的森林被毁。到目前为止，亚马孙地区被毁森林总面积已达58.2万平方千米，比巴西巴伊亚州全州的面积还要大。世界自然基金会警告说，如果毁林事态得不到有效控制，不久的将来，亚马孙将空留其名。

　　造成森林大面积减少的原因首先是近年来大量移民涌入亚马孙地区，造成农业耕地紧缺，因此亚马孙外围地区毁林造田现象十分普遍。此外，由于缺乏有效的管理，无序采矿、修路、建房是造成大面积伐林的另一原因。与此同时，人为或自然因素引发的大火也使森林面积不断减少。面对严峻局面，反对乱砍滥伐森林的呼声日渐强烈。环保人士指出，森林作为陆地生态系统的主体，对养护水源、保持水土、减少旱涝灾害具有不可替代的作用，毁林将严重破坏生态平衡，后果不堪设想。他们主张，应充分利用亚马孙地区独特的自然条件开展生态旅游，既可促进当地经济发展，同时也保护了生态环境。

正在哭泣的热带雨林

　　地球上的热带雨林正以每天一个足球场大小的面积消失掉。人们天天在树林里砍伐树木，在草地上放火开荒。这是因为被砍伐的树木可以运到城里去换钱，被烧荒的草原可以开垦为耕地。

　　热带雨林遭受破坏，将直接导致地球气候的恶化。所以，发达国家极力主张世界各国必须保护热带雨林。可是，拥有热带雨林的国家却要求得到相应的补偿。因为，发达国家早在几十年前甚至几百年前就通过砍伐树林修筑公路、建造工厂，从而比别的国家提前完成了工业革命，换句话说，他们以破坏人类共有的地球资源为代价积累了相当的财富。当它们已经跨入发达国家行列以后，现在又反过来要求发展中国家放弃对森林资源的开发，这是不是有点不公平？

　　可是，无论如何，再也不能乱砍滥伐了，如何保护热带雨林已经成为关系人类生死存亡的重大课题。

沙 漠 上 的 动 物

失 去 大 耳 朵 的 沙 漠 狐 狸

　　长着一对大耳朵的沙漠狐狸悄悄地钻出洞来,开始寻觅自己的食物。一只沙漠鼠却不知道沙漠狐狸在等待自己的到来,贸然地朝沙漠狐狸所在的方向跑去。

　　"今天真是碰上了好运气,刚刚出洞就有猎物自己送上门来!"

　　沙漠狐狸以迅雷不及掩耳之势扑向了沙漠鼠。眼看沙漠鼠就要成为沙漠狐狸的一顿美餐了,在这紧要关头聪明的沙漠鼠沉着冷静,想出了对付沙漠狐狸的办法。

　　"沙漠狐狸,我警告你不要轻举妄动!你别看我长得像沙漠鼠,我可不是沙漠鼠!我是天神派来看望沙漠动物的天使!你要是敢动我一根汗毛,天神不会饶过你的!"

　　沙漠鼠严厉地指着沙漠狐狸说道。看到沙漠鼠威严的表情,愚蠢的沙漠狐狸信以为真,不敢贸然扑过去。就在这时,沙漠上吹来了一股强劲的风沙,狂风卷起沙石铺天盖地刮过来。沙漠狐狸吓得夹住尾巴趴在沙地上一动不动。

　　沙漠鼠装模作样地朝着天空喊道:"大慈大悲的天神呀,请您快快息怒,原谅这只不懂事的沙漠狐狸吧!"

　　沙漠鼠的话真灵,经它这么一喊,肆虐的风沙顿时平静下来了。但是,原本晴朗的天空仍然笼罩在一片昏暗之中。沙漠狐狸满脸恐惧,怔怔地望着天空。它并不知道这是因为漫天风沙遮蔽了阳光。

"怎么这么昏暗?看来天神余怒未消,还要惩罚你们沙漠动物!"

说着,沙漠鼠再次朝天空嘀咕了两句。果然,黑暗散去,炽热的阳光重新照在了沙漠上。等沙漠狐狸明白过来这是怎么回事的时候,沙漠鼠早已逃得无影无踪。受此愚弄,沙漠狐狸气得咬牙切齿:"等着吧,该死的小东西!你以为我是那么好捉弄的?"为了找沙漠鼠报仇,沙漠狐狸开始胡乱地扒开沙漠上的洞穴,可怎么也找不到沙漠鼠。

几天之后的傍晚时分,太阳落山,炽热的沙漠开始降温了。这也是沙漠动物们一觉睡醒,纷纷钻出洞穴寻觅食物的最佳时间。到处乱窜的沙漠鼠与刚刚走出洞穴寻觅食物的沙漠狐狸撞了个满怀,真是冤家路窄。

"哈哈!我早就料到你小子跑不出我的手心!"

这下,沙漠鼠真的是无路可逃,只能束手待毙了。可聪明的沙漠鼠转动一下小眼睛,又想出了一条妙招。沙漠鼠想起了奶奶曾经嘱咐过它的一句话:哪怕被狐狸逮住了,只要冷静总会有逃生的办法!

"沙漠狐狸呀,只要你不吃掉我,我就告诉你在炽热的沙漠上可以随便玩耍却不中暑的好办法。"

沙漠狐狸又动心了。如果真的能在炽热的大白天随意在沙漠上奔跑,那该有多好呀!这不正是沙漠上所有动物梦寐以求的事情吗?

"你真有那个本事?好,只要你告诉我去暑的办法,我就不吃你。"

"要是把你那一双大大的耳朵变小了,你也就不怕炎热了。你现在怕热,就是因为你的那双大耳朵。你看,我的耳朵就比你的小多了,所以我能随意在沙漠上玩耍。而且,我知道把大耳朵变成小耳朵的办法。"

"好啦!别啰唆,我要你现在就把我的耳朵变小。"

愚蠢的沙漠狐狸又要被沙漠鼠捉弄了!

沙漠鼠动手把沙漠狐狸的大耳朵卷到耳根,然后用大夹子紧紧地夹住。

"你就这样待上一个星期,大耳朵到时就会变小的。"

留下一句嘱咐,沙漠鼠像一阵风似的溜走了。

一个星期过去了,沙漠狐狸在心里一个劲儿地犯嘀咕:奇怪,耳朵变小了,身子理应变得凉爽啊。可现在先不说身子凉不凉爽,就连自己的捕捉对象——鸟儿和沙漠鼠的声音都听不见了。这到底是怎么回事呢?

沙漠上的绿洲和沙漠上的海市蜃楼

提到沙漠,很多小朋友们就会想起一片干燥炎热的不毛之地。其实不然。沙漠上也有湿润的地方,那就是绿洲。在沙漠里,走远道的人们常常会寻找绿洲,以储备充足的饮用水。有些绿洲上还长有枣椰树,它的果实水分丰富、甘甜可口。

如果我们在沙漠上行走,有时会看见类似绿洲的地方。但小朋友们千万不要上当,那不是绿洲,而只是我们的幻觉。在烈日的照射下,沙漠冒出的热气会形成一种幻觉。它有时呈现出一潭清水,有时呈现出一片树林。我们称这种现象为沙漠上的海市蜃楼。

生活在沙漠上的动物家族

沙漠狐狸有一对硕大的耳朵,它可以用这对大耳朵散发体内的热量,也可以用它探听猎物的动静。

沙漠鼠从它喜欢吃的草籽中吸收身体所需的水分,骆驼则在自己高高的驼峰里储存生存所需的水分。

沙漠中的蝎子主要在夜晚活动,它可以用带有毒刺的尾巴防御敌人的袭击。

此外,沙漠甲虫和沙漠蜥蜴也是典型的沙漠动物。

曾经是绿色大草原的撒哈拉沙漠

在非洲的撒哈拉沙漠上,人们发现了几幅刻在岩石上的吃草的大象、牛群、长颈鹿等图案。沙漠上怎么会有刻着草原景象的古老壁画呢?这一令人惊奇的现象告诉我们,在很久以前,撒哈拉沙漠曾经是一片有河流、有草木的大草原。

那么曾经的大草原怎么会变成大沙漠呢?那是因为很久以前,那里突然开始持续干旱,几乎滴雨未下。没有雨水,植物当然不可能生长。没有植物,动物也就无法生存。偶尔有些耐旱的植物刚刚发芽,动物就会连根吃掉植物的嫩芽。于是,草原越来越沙漠化,最后撒哈拉由一片绿色的大草原变成了荒凉的大沙漠。

这都是过去的事情。然而,令人心痛的是现在仍有大片肥沃的土壤正在变成荒凉的沙漠。由于人们对土地的管理不善,大量肥沃的土壤正在流失;人类为了生存,乱砍滥伐森林,大肆放养牲畜,使森林和草地资源日趋减少。结果地球上的植被和土壤受到毁坏,全球的沙漠化现象日趋严重。

地 球 上 的 草 原

三 兄 弟 草 原 旅 行 记

从前,有一位老父亲,他很穷,能够留给儿子的只有祖辈传下来的房子。然而,房子只有一所,而他却有3个儿子,到底留给哪个儿子,老父亲天天为此苦闷。终于有一天,老父亲想出了一个妙招。

"孩子们,前些日子有一个游客路过我们家,他给我讲了些关于草原的故事。听了他的故事我很想到草原上去看一看。可是,我已经老了,腿脚不中用了,所以我想叫你们兄弟三人到草原上去看一看,回来再给我讲一讲草原的故事。我给你们一年的时间,谁完成任务按时回来,我就把这所房子留给谁。"

依照父亲的吩咐,3个儿子同一天离开家,前往草原。到了三岔路口,三兄弟握手告别。老大前往亚欧大陆方向,老二前往南美洲方向,老三则前往东非方向。

一年以后,三兄弟结束对草原的考察,都按时回到了家。尽管皮肤被晒得黑黑的,可他们3个人看上去都非常健康。虽然还不知道自己3个儿子的考察结果,可是看到他们三兄弟平安归来,老父亲心里十分高兴。

"老大呀,你先讲一讲你在草原上的经历。"

大儿子清一清嗓子,向老父亲详细地描述了自己在亚欧大陆草原上的所见所闻。

"我从匈牙利出发,向东经过乌克兰和俄罗斯,一直走到了横跨中亚的大草原。当地人把中亚大草原称作'斯蒂普'。中亚大草原气候干燥,非常广阔,平坦的原野上全都是绿茵茵的青草,就像铺了一层绿色地毯一样。那儿几乎看不到高大的树木。那里的土壤也非常肥沃,不用施肥,庄稼和各种野草也都生长得十分茂盛。"

这时,从南美洲回来的二儿子站起来抢了老大的话题:"爸爸,大哥说的不对。我看大哥根本没有去过草原。草原不叫'斯蒂普',而是叫做'潘帕斯',就在南美洲。自从我到了那里以后没有看见过一场雨,也没有见过一棵大树,所到之处全都是一望无际的大平原。这些都是我亲眼看见的。"

看样子二儿子的确去过南美洲阿根廷的潘帕斯大草原。

这时,去过非洲的三儿子又站起来反驳大哥和二哥的话,说道:"爸爸,大哥和二哥说的全都是假话。草原既不叫'斯蒂普',也不叫'潘帕斯'。草原的真正名字叫做'萨旺那'。那里只有在夏天的雨季下一点雨,其他季节几乎看不到雨水,也没有树木,只有像电线杆子那么高的野草。我在那里看见了狮子、猎豹、斑马等很多动物。萨旺那大得很,我走了好几个月都没有走完。"

"不对,我见过的才是真正的草原!"

"你们俩说的都是假话,你们根本没有去过草原。我敢对天发誓,我去过的地方才是真正的草原!"

3个兄弟互相指责,争得脸红脖子粗。这一下,把老父亲给弄糊涂了,一时半会弄不明白该相信谁的话。

"好啦,好啦!你们都别争了!从你们三兄弟的话里,我倒是听出了一个共同点,那就是草原上虽然很少降雨,没有树木,但是有很多的青草,还有很多的动物。也许你们看的草原都是真的,只不过是地点和名称不一样。"

老父亲给3个儿子分配房子的计划只好推迟了。

草 原 是 森 林 和 沙 漠 的 过 渡 地 带

草原是一个比较干燥的地方,一年的降雨量没有热带雨林那么多,但是也不像沙漠那样一年四季都没有雨水。所以,那里很少有像热带雨林那样高大、茂密的森林,但也不像沙漠那样寸草不生,那里有一望无际的青绿色的野草。

草原的名称根据地点和性质的不同而不同。位于亚洲中北部的草原叫做斯蒂普(steppe,干草原),位于东非的草原叫做萨旺那(savanna,稀树草原),位于南美洲的草原叫做潘帕斯(pampas,干燥草地),位于北美洲的草原叫做普列利(prairie,干草地)。

动 物 王 国 —— 萨 旺 那

萨旺那是非洲沙漠和非洲热带雨林之间的过渡地带。那里的年降水量为1000~1500毫米,每年有明显的旱季和雨季。树高为3~15米,呈平顶状;草丛高达1.5~4.5米。萨旺那的干草产量约为10000~50000千克/公顷,是世界上重要的养牛基地之一,并可饲养骆驼和山羊。那里既有草食性动物,也有肉食性动物,例如斑马、长颈鹿和狮子等。

撒 赫 勒 地 区 的 灾 难

撒赫勒地区位于非洲撒哈拉大沙漠的南部。在20世纪70年代,这个地区有几十万人和动物死于饥荒,在80年代上半期的短短三四年间就饿死了几百万人。一开始,人们简单地认为造成这一灾难的原因是干旱,后来人们重新认识到,这一灾难实际上是遭到严重破坏的生态环境造成的。

　　小朋友们不禁要问:生态环境怎么会被破坏到如此严重的地步呢?原因很简单,自20世纪60年代开始,由于人们对草原植被的破坏——乱砍滥伐树木和大规模放养牲畜,使得原本是绿色草原的撒赫勒地区渐渐地变成了沙漠。尤其是在草原上放养的牲畜不仅吃掉草叶,就连草根也要吃掉,草原上怎么还会留存青草呢?撒赫勒草原变成荒凉的沙漠之后,天气也因此发生了变化。当然,连续几年的干旱也是加快撒赫勒地区沙漠化进程的一个客观因素。

极 地 开 发

小麻雀献给大胡子叔叔的礼物

"季节都变换了,别的地方早已是烈日炎炎的夏天,可这里山还是那个冰山,海还是那个冰海!"

大胡子叔叔拿着望远镜喃喃自语道。大胡子叔叔是专门观测星星和太阳的天文学家。为了在极地上观察星星和太阳,大胡子叔叔来到南极已经有好几个月了。

大胡子叔叔将视线从冰雪覆盖的南极海面转到了岸边陆地上。海岸上一群企鹅摇晃着肥大的身子正往岸边一岩石的方向走动着。它们还不知道岩石后面躲藏着的海豹正在虎视眈眈地盯着靠近的猎物呢。大胡子叔叔嘴里发出"啧啧"的声音,遗憾地将目光又转到棱角分明的冰山上。突然,有一只皮手套映入了大胡子叔叔的望远镜里。那个东西也不安定,一个劲儿地在蠕动着。

"咦,那是什么东西?不会是皮手套被大风从陆地吹到这里的吧?"

大胡子叔叔重新拿起望远镜,仔细地观察那只皮手套。哇,原来是一只小麻雀,它从皮手套里钻出来,用警觉的目光环视着四周,观察周围的动静。

"呵!还有身披皮手套的小麻雀?好奇怪!可是,那只小麻雀是怎么飞到这遥远的南极大陆的呢?"

大胡子叔叔急忙走出屋子,朝着小麻雀跑过去。恰好这时一阵狂风吹来,小麻雀被风从冰山上吹落,重重地摔在雪地上。

"这样下去,可怜的麻雀非冻死不可!"

大胡子叔叔小心翼翼地拣起小麻雀,把它带到了自己的研究室。没错,这只麻雀和家乡常见的麻雀一模一样。在这个远离故土的南极大陆看到家乡的小鸟,大胡子叔叔倍感亲切。在大胡子叔叔的精心照料下,小麻雀没过多长时间就睁开了眼睛。

"叔叔,请问这里就是南极吗?"

"哟,奇怪!小麻雀竟然会说话!"

"我看叔叔在这个渺无人烟的地方非常需要一个能够聊天的伴儿,对不对?而且只有像你这样喜欢动物的人才能听见我说的话。"

"是吗?你说得一点也没错。说老实话,独自一人在这个远离家乡的地方从事研究工作,我确实非常想有一个能够与我聊天的伴儿。请你回答我,你一只小小的麻雀怎么飞到这么远的地方来了?"

"我来自麻雀王国。走遍地球的每个角落是麻雀国王交给我的任务。我正在寻找最适合我们麻雀家族生存的地方。可是,现在看来南极并不适合我们生存。这里太冷,而且风也太大。"

小麻雀还说,为了到南极来,它在垃圾桶里捡了一只皮手套。因为它曾经听说南极是个非常寒冷的地方。好聪明的小家伙呀!

小麻雀在研究室里停留了三天。三天后,小麻雀决定返回温暖的大陆,正在准备自己的行李。

大胡子叔叔用哀求的口吻说道:"你一走,我又成一个人了。求你别离开我好吗?"

听到大胡子叔叔的话,小麻雀心里很矛盾。它既不忍心留下心地善良的大胡子叔叔不管,又不能因此耽误麻雀国王交给它的任务。想来想去,小麻雀决定向太阳祈祷:"万能的太阳,大胡子叔叔在这里过着非常孤独的生活。如果这个地方稍微温暖一点，就会有很多人来到这里，给大胡子叔叔做伴。求求您，万能的太阳，让这个地方温暖一点吧!"

小麻雀的一片真情果然感动了太阳。太阳给南极洲送来温暖的阳光，南极的天气开始转暖了，冰雪开始慢慢地融化了，巨大的冰山也渐渐变小了。

小麻雀开心地看着大胡子叔叔。然而，大胡子叔叔不仅没有高兴起来，反倒愁容满面、慌张不已。

"这下可闯了大祸!"

大胡子叔叔立刻拿起电话打给好几个地方。

小麻雀送给大胡子叔叔的礼物到底闯了什么祸呢?如果极地的气温上升，会发生什么样的事情呢?

生活在寒冷地带的人都盼望天气变得暖和一点。但是，如果气温上升，南极和北极的气候就会变暖，地球将因此遭到灭顶之灾。因为如果南极和北极的气温升高了，那一带的冰原就会立刻融化。冰原一旦融化，海平面就会升高，很多沿海的国家和地区就会被淹没在大海之中，地球上的很多生物就会因此遭受巨大的灾难。

南极大陆——地球上最寒冷的地方

在南极洲，气候异常寒冷，终年覆盖冰雪，整个大陆只有2%的地方无长年冰雪覆盖，动植物能够生存。年平均气温为-25℃，其中内陆高原的平均气温为-56℃左右，极端最低气温曾达-89.6℃，为地球上最寒冷的地方。风速一般达每秒17~18米，最大达每秒90米以上，为世界最冷和风暴最多、风力最大的陆地。

生活在南极洲的动植物

在南极洲这么寒冷的地方也生存着珍贵的生命体。虽然植物只有苔藓类一种，但是动物却不少。我们最熟悉的企鹅、海象、海狮、信天翁等就是其中的代表。附近海洋产南极鳕鱼、大口鱼等，在南极海洋里还生存着鲸鱼和大磷虾。

南极洲属于谁？

有几个国家曾声称南极洲是自己的领土，但是其他国家并不承认这一点。到目前为止，南极洲不属于任何一个国家。

南极洲的矿产资源十分丰富，地下埋藏着大量的铜、铁、金等金属矿藏。正因为这样，在大国之间很有可能发生南极洲的主权争夺战。为了有效地防止国与国之间不必要的纠纷，世界上很多国家共同订立了对南极进行共同研究、和平利用其资源的条约。这就是著名的《南极条约》。

根据这一条约，中国在1985年和1989年相继建立了"长城"和"中山"两个南极科学考察站；韩国于1988年建立了"世宗"南极科学考察站。建立南极科学考察站的目的是为了研究南极洲的地貌和海洋特征以及南极洲的气象变化。

森 林 的 作 用

新世纪记者对森林的一次采访

观众朋友们,你们好,我是新世纪环保电视台记者。昨天我接到了住在东山脚下——小村庄的小白兔女士的举报,说那里的森林发生了异常的现象。所以,今天我乘坐直升机来到了森林上空。在直升机上俯瞰大森林,大森林非常美丽壮观!好,我乘坐的直升机正在降低高度准备着陆了。不过,森林的气色有点不对头,看上去似乎失去了往日的生机。

"您好,森林大叔!"

哟,森林大叔脸色很不好,扭过头去不愿意理睬我。我可是新世纪记者,什么样的人没有采访过?请各位放心,我一定会想方设法靠近森林大叔,完成这次特殊的采访。

"您好,森林大叔。我最近听到一些关于您的传闻,说您这里发生了异常情况。人们怀疑您是有意跟人类闹别扭,请您对此谈谈您的想法好吗?"

"……"

看来森林大叔情绪很不好,那么我们先采访一下举报者。

"您好,美丽的小白兔女士!森林大叔的气色为什么这么差?请您向各位观众朋友们谈一谈森林大叔的近况好吗?"

"前天不是下过一场小雨吗?按理说,这么一点雨水,森林大叔完全可以吸收进去。可是,森林大叔竟然一滴水都没有吸收,全部排到山脚下,弄得我们村庄雨水泛滥,狼藉不堪呀。"

哟,可不是吗,您看山脚下的这座村庄,被洪水淹得一塌糊涂。兔子和松鼠们正在收拾被水淹过的家具呢。

"那是什么?你们村庄里还有泥潭吗?"

"哪里的话!是雨水引发的泥石流!泥石流冲毁了好几家房屋,要翻修这些房屋还得折腾一阵子呢。要是森林大叔吸收雨水,哪能发生这样的灾难呢?"

"是啊,那么一点小雨就引发了水灾和泥石流,如果遇上大一点的雨,整个村子还不被淹没吗?不过小白兔女士,您也不要太着急。有我新世纪记者在,我会说服森林大叔,让它不要跟你们村庄过意不去。"

观众朋友们,现在我们又回到了森林大叔这里。森林大叔仍然转过身去不想搭理我。不过我有办法让森林大叔转过身来与我谈话。我已经摸透了森林大叔的脾气。越是这样的时候,越应该说几句好话安慰森林大叔。

"在阳光的沐浴下,森林大叔的面貌显得更加美丽雄壮。粉红色的樱桃树、色彩艳丽的紫罗兰、浅蓝色的柞树、鲜艳的橡树真是漂亮。这些都是森林大叔辛勤劳动的结果呀。咦,山那边的那些树木是怎么回事呀?怎么都变成黄色了呢?"

啊,对不起,我说错话了!我应该挑些好听的说,结果一不小心说了伤森林大叔自尊心的话。可是,那些正在枯死的树木实在令人担心!这到底是怎么回事呢?

"喂,你刚才是不是说我故意跟人类闹别扭?你先检查一下我的身体再来采访我。先看一看我的身体被你们人类糟蹋成什么样子了!"

森林大叔到底开口说话了。那好,我们就听森林大叔的,先乘直升机检查一下森林大叔的身体。

直升机上俯瞰大森林,还是那么美丽壮观。哦,那边怎么出现了一大堆黄土?噢,原来是人们为了修路在山上挖掘隧道呢。再往那边看,还有一片绿油油的草坪。走,我们靠近草坪仔细去看一看。

呀,原来人们还在森林中间修建了一座漂亮的高尔夫球场。从表面上看,森林大叔的身体并没有什么异常,可森林大叔为什么总是愁眉不展,不愿意搭理我呢?

"我看森林大叔您的身子还是那么健康结实呀!可您为什么阻挡不住洪水和泥石流了呢?能向观众朋友们谈一谈吗?"

"你说我还健康结实?哼,既然你这么说,我也就无话可说了。"

哟,节目时间已经到了,很遗憾今天的采访没能完成。森林大叔到底是怎么回事呢?我们将在下次节目中继续报道。

森林为我们做过哪些好事呢?

森林为所有生物源源不断地提供氧气。空气中的二氧化碳是植物的食物,而氧气是植物在吸收二氧化碳的过程中产生并排出的。

森林又是众多生物的安乐窝。所有的树木和青草以及昆虫、动物等生物都在森林里栖息。如果森林没有了,它们能上哪儿栖息呢?森林还能吸收大量的雨水,使山下的村庄免遭洪水的侵袭,也使山下的村庄免受干旱的困扰。森林又是泥石流的征服者,盘根错节的树根牢牢地守住山上的泥土和石子,不让它们被雨水冲走,有效地保护了人类生命财产的安全。

地球上的森林正在流泪呢!

贪图安逸的人类视森林为自己的私有财产,正在肆意砍伐。人们在森林的腹地修建公路,建造滑雪场,设置高尔夫球场,严重毁坏了森林的生态系统。森林的面积在一点点地缩小,祖祖辈辈生活在森林里的动物们也只能被迫离开自己的家园。

除人类肆意践踏森林外，酸雨也在破坏着森林。酸雨是工厂和汽车排放的有害气体溶解于其中的具有毒性的雨水。只要被酸雨浇上，大片的树木很容易枯萎死亡。

要拯救一片被人类毁坏的森林需要几百年的时间。现在保护森林还来得及。让我们共同爱护森林，让森林给地球上的所有生物带来更多的新鲜空气吧。

你 会 制 作 树 叶 标 本 吗？

工具：报纸、复印纸、胶水、笔记本。

先到树林里采集一些树叶。要注意在采集树叶的时候，别忘了在笔记本上记下时间和地点。

将采集到的树叶夹在报纸里，并用厚一点的书压一段时间。这样，树叶里的水分就被报纸吸收进去。

如果一张报纸不能吸干树叶里的水分，就再换一张报纸，直到树叶里的水分被报纸吸干为止。

大约过10天以后，取出树叶，并将它粘贴在复印纸上。写上树叶的采集地点和时间以及树叶的名称，植物标本就算制作完成了。

当然也可以用花瓣、野草制作植物标本。如果你把自己制作的植物标本装在信封里送给老师或者同学，他们肯定会非常高兴的。

风 和 大 海

傲气十足的霸王风

蓝蓝的天,蓝蓝的海,微风吹拂,阳光明媚。在这宁静、祥和的海面上,温柔的微风兄弟们轻轻吹拂着大海,与大海共度愉快的假日。就在这时,海风家族里被称为"害群之马"的霸王风从海天连接的地方悄悄地钻出来,朝微风兄弟们所在的地方靠近。霸王风总是自以为是,仗着自己身强力壮,动不动就欺负微风兄弟,动不动就在海上兴风作浪,所以大家都厌恶这个傲气十足的家伙。看到它出现在海面上,微风兄弟们觉得十分扫兴,便纷纷离去。

看到微风给自己让路,霸王风更加横行霸道、不可一世。一看这里的海面还是这么平静,心术不正的霸王风就有点不舒服了。它一使劲,海面上立刻掀起了一座座高大的浪峰:

"哇哈!海上终于起浪了,这下该我们冲浪选手大显身手啦!"

看到海上起浪了,在岸边等候已久的冲浪爱好者们顿时来劲了,纷纷拿着踏板冲进了岸边的浅海里。看到人们兴高采烈的样子,霸王风又不舒服了:你们竟然还不知道我霸王风的厉害!

霸王风再次加大力气,兴风作浪。只见浪峰一个比一个高,白色的浪花无情地拍打着岸边的岩石。

"怎么啦?风怎么越刮越大呢?哪来的狂风呀?"

冲浪的人们只好退出浅海，回到岸边收拾起自己的物品。满肚子坏水的霸王风甚至想把人们的帽子和遮阳伞都给吹走。

这时，来这里觅食的海鸥小姐看到霸王风又在搞恶作剧，便批评它："你真是恶习不改，又在坑害人！""兴风作浪就是我的拿手好戏。人们都只夸大海，从来没有夸过我，所以我要让他们尝一尝我的厉害！"

"人们夸大海还不是理所当然的事情？你霸王风本事再大也没有大海对人类的贡献大呀！你知不知道，地球上的生命就起源于大海！"

霸王风冷笑一声，说道："哼，没有我，大海能流动吗？驱使大海流动的，就是我！没有我，大海会变成一潭死水！"

霸王风神气活现，说因海水流动而形成的海流是自己吹出来的。海流分为寒流和暖流两种，从赤道向两侧流动的海流叫做暖流，从南北海洋向赤道海洋流淌的海水叫做寒流。寒流经过的海域气温下降，暖流经过的海域则气温上升。

"所以说，我霸王风的本事比谁都要大。我不仅在大海上兴风作浪，我还影响大海的气温变化！你懂不懂？"

海鸥小姐点了点头。看到海鸥小姐的表情，霸王风更得意地说："别看我在这里独自一人兴风作浪，我可是台风的兄弟。我曾经跟着台风横跨大海，席卷过太平洋沿岸的港湾和村庄。我击碎过抛锚的渔船，卷走渔村的房屋。它们都被我制服了。我敢说除了台风以外，我是世上最厉害的风！"

海鸥小姐听得有点不耐烦了。哪有这样不知羞耻的朋友？竟把坑害他人的事当做自己的本事来炫耀！

霸王风仍在喋喋不休，竟说海上的涨潮和落潮也是自己吹出来的。

"如果我在海上朝岸边吹风，岸边就形成涨潮；如果我在岸边向大海吹风，岸边就形成落潮。"

"哼，得了吧！说谎话也得讲点分寸。涨潮和落潮是你的功劳吗？你以为我不懂呀？告诉你，涨潮和落潮是月亮的功劳，跟你一点关系都没有！我没时间跟你这种不知羞耻的家伙磨嘴皮!你要是真的有本事,就到你的台风大哥那里去吹牛皮吧!"

说完,海鸥小姐就呼啦啦地飞走了。

"咳,不就是说错了一句话吗,何必生这么大的气呢?真是小心眼的海鸥!"

霸王风嘟囔一声,闷闷不乐地朝海天连接的地方飞去了。

风 和 大 海 的 关 系

风一吹来,大海上便波涛汹涌。的确,掀起万千浪潮的,除了月亮的引力以外,还有风力。

风推动着海水朝一个方向经常不断流动的现象,称为海流。海流是指大海的流向,分暖流和寒流。暖流经过的地方常有温暖的海风刮过,使该流域气温上升;寒流经过的地方则常有寒风刮起,使该流域气温下降。

大 海 —— 地 球 生 命 的 起 源 地

大海占地球表面积的70%。在浩瀚的大海里至今还生存着不计其数的地球生命。既有已经被我们熟知而成为美食的各种海鲜,也有我们至今为止尚未搞清的海洋生物。

地球上最早的生命就是在汪洋大海里诞生的。那还是在距今约三十五亿年前发生的事情。那时,大海里诞生了单细胞生物,它是地球上所有生命体的前身。从那以后,海洋生物支配地球长达数亿年的时间。而我们人类生活在地球上只有几十万年的时间。

你看过海底世界吗?

人类对大海的研究有着悠久的历史,可是人类亲自到海底世界进行考察活动还是最近100多年的事情。

1872年至1876年,英国"挑战者"号考察船进行了世界上第一次环球海洋考察。这次考察是近代海洋科学的开端。

到20世纪50年代,地理学家们才能用先进的技术测绘出海底世界。测绘结果显示:海底有座相当高耸的海洋"山脊",形成了一道水下"山脉",绵延约83683.6千米,穿过世界上所有的海洋,海洋底部的"山脊"也叫断裂谷,断裂谷里不断地冒出岩浆,岩浆冷却后,在大洋底部造成了一条条蜿蜒起伏的新生海底山脉,这个过程就叫海底扩张,而这些新生的海底山脉则称为海岭。由于断裂谷里添了新岩石,断裂谷两边的岩石就逐渐远离了洋脊中央。所以,距离"山脉"越远的岩石就越古老。

当海岭和新的海底平原形成后,断裂谷的岩浆还会继续喷出,它们起着"传送带"的作用,把一条条新海岭从地壳岩层中推送出来,同时又把它们慢慢地从地壳岩层中推落下去,重新熔化到地幔中去,达到新生和消长的平衡。

以海洋污染为代价的海湾战争

1991年,美国与伊拉克之间爆发了一场战争,被称为海湾战争。在这场战争中,超过100万吨的原油流入波斯湾,使原本美丽富饶的波斯湾一度成为万人诅咒的"死亡海湾"。人们眼睁睁地看着大海变成一片黑压压的油海,却束手无策。因为在战争岁月,谁都无法采取措施补救。

原油流入大海,意味着大海里的生物将遭受灭顶之灾。无数只海鸟成了黑油的俘虏，无数珍奇鱼种翻着白色的肚皮漂浮在黑色的油海上面。

战争可以在一夜之间改变地球的环境，以严重的海洋污染为代价的海湾战争便是明证。

海 滩 的 作 用

小 微 风 见 到 的 海 滩

秋季的台风在陆地肆虐了几天后便离开了,只留下它的孩子小微风。这几天小微风闷得很,到山崖旁边与瀑布玩了几天,觉得没什么意思,又到森林里与树林玩了几天,也感觉腻味了。

"早知如此,不如当初跟着爸爸一起走了。不行,我还得到大海去找爸爸,在这里待下去,简直要憋死啦。"

小微风忽地飞上了天。经过一路询问,小微风终于来到了大海边。它来到的是一望无际的东海。可是,找遍了东海所有的角落,爸爸台风却连个影子都不见。

"对啦,爸爸是流动的大风,只要我在这儿等几天,爸爸肯定会出现的。"

可是,小微风在东海上空闲逛了好几天,就是不见爸爸出现。

于是,小微风改变方向飞到了西海岸。西海岸和东海岸不一样,那里有很多岛屿,海岸线非常曲折,潮水的落差也比东海大多了,

小微风来不及欣赏西海岸那迷人的景色,便到处寻找爸爸台风的下落。钻进岩石缝里一看,没有爸爸的踪影,飞到岸边松树林上空一看,还是没有爸爸的身影。

筋疲力尽的小微风坐在岸边,不知所措地望着辽阔的西海岸。突然,

岸边的海水"哗"的一声退到海里,露出了一大片黑糊糊的海滩。看那黑糊糊的土地,似乎没有任何东西生长在那里。"呵,好新鲜!海底竟有这么一大片的不毛之地!"

正当小微风喃喃自语的时候,那片黑糊糊的海滩说道:"哪儿来的小家伙敢说我是不毛之地呀?"

"我说的不对吗?看你这样子,能生长什么东西吗?"

这时,外出的海滩微风从海面上回来,听到小微风的话,又看见海滩的脸色,便讨好般地对小微风说道:"哎哟,看来你这个小家伙还不知道海滩的能耐呢!当然,我不会因为这而怪你,因为你还小。我想,你连海滩的名字都没有听说过吧。"

听了海滩微风的话,小微风抬起头来,又望了望海滩,这下它大吃一惊。原来黑糊糊的海滩上有不计其数的小生物正蠢蠢蠕动着。

蚯蚓拖着长长的身子到处觅食,毛蟹妈妈领着孩子到处闲逛,几个扇贝兄弟张开大嘴正津津有味地吃着浮游生物……

海滩骄傲地挺起自己的胸脯,朝小微风望了望。可倔强的小微风并没有因此觉得海滩本领大。它大声说道:"可是,你的长相实在是太难看了,而且你浑身都脏得不得了。你看,陆地上的江河把所有的污水都排放到你的身子上,还有你的身子上有那么多小动物的死尸……"

"你说话小点声不行吗?要是海滩大爷听到了,就不得了啦!"

海滩微风轻轻地耳语道:"虽然陆地上的江河向海滩大爷排放污水,但是那些污水却成了海滩蚯蚓和浮游生物的美餐。吃这些江河污水长大的蚯蚓、浮游生物、螃蟹以及扇贝等又吸引大量的乌贼、海鸟等动物聚集到这里来,因为它们又是乌贼、海鸟等动物最喜欢吃的食物。没想到吧?我们的海滩大爷竟能用城市排放的污水养活这么多的海洋动物,本事大不大?"

小微风这才点着头佩服海滩的能耐。

原来,海滩是孕育生命的摇篮,也是众多动物的重要栖息地。小微风用敬佩的目光再次望了望黑糊糊的海滩,然后飞到大海上空继续寻找爸爸台风去了。

海滩是怎么形成的？

当陆地上的大江大河流入大海的时候，往往把大量的泥土和砂石带到大海里去。这些泥土和砂石经过几千万年的沉淀，最后形成广阔的海滩。像韩国的西海岸那样，潮水落差大，海底地形平坦，入海口处河水的流速非常缓慢，这样的地方容易形成美丽富饶的海滩。

韩国西海岸、欧洲北海沿岸、加拿大东部海岸、美国佐治亚海岸及南美洲亚马孙河口的海滩，是世界上5个规模最大的海滩。

海滩——地球上的污物净化厂

海滩能够过滤来自陆地的生活污水和工业废水，向大海提供清洁的水源。不仅如此，它还能清理众多动植物的死尸，使得大海和陆地始终保持清洁的环境。比如，生活在海滩上的贝类专门吃来自陆地的污物，一只扇贝2小时内就可以净化2升的污水。

填海造平原是好事还是坏事？

人类填海造平原的开拓活动由来已久。但随着开拓活动的频繁增多，地球上的海滩面积急速减少。例如韩国的海滩面积已经减少了一半。海滩面积的减少，导致自然环境发生变化，环境污染越来越严重，海产资源受到极大的威胁。

海滩并不是可有可无的土地，那里也有生命，而且还在孕育着生命。好在现在人们终于认识到海滩的重要性，科学家认为，无论是在经济上还是在环境保护上海滩的价值要远远胜过填海造平原所获得的开拓地。

海滩上的贝类、螃蟹、乌贼等海鲜为我们的餐桌增添了丰富的食物,海滩上的泥土可以有效地预防和治疗皮肤病,海滩可以成为小朋友们的自然科学博物馆。

海滩和开拓地,到底哪一方对我们更有益,请小朋友们自己来选择吧。

河流和河堤

河流和河堤之间订下的和平条约

噼噼啪啪……

聚集了好几天的团团乌云的天空,终于下起了倾盆大雨,河堤顿时紧张起来了。因为这场雨酝酿已久,来势凶猛。

1天过去了,2天过去了,3天过去了……大雨根本没有要停下来的意思。河水暴涨,很快便占满整个河床,直逼河堤上端。

"天啊,这可怎么办呀!"

滚滚而来的河水冲走了河堤上的大块泥土,呼啸的狂风连根拔起了河堤上的碗口粗的柳树。肆虐的河流只一瞬间就把河堤弄得千疮百孔,河堤不停地发出痛苦的呻吟。

雨终于停了,差一点把河堤淹没的河水总算退了。经过这一场浩劫的河堤已是面目全非,狼狈不堪。河堤生性不善言谈,遇事总是沉默寡言。然而,这一次河堤忍无可忍,朝河流发了一通火:"河流兄弟,你不觉得太过分了吗?这样下去,往后我们如何相处?"

"你埋怨我,我埋怨谁呀?我真是冤枉死啦!老天爷泼下那么多的雨水,我有什么办法?"

"你就不能老实一点吗?"

"河堤呀,这你就不懂啦。俗话说洪水猛如虎,你还不知道河流的力气有多大!"

"不就是雨滴汇集成的吗?你们的力气还能大到哪里去?"

"可不能小看河流的力气!河流既可以劈开高山改变自己的流向,也可以击碎坚硬的岩石排除自己前进道路上的障碍。像你这样用泥沙建起来的河堤当然就不在话下了。"

"可不管怎么样,我受到的损失实在是太大了,再也不能这么下去!我劝你还是想想办法,不要再来伤害我!"

"要说办法也不是没有!只要你改变一下模样,我看完全可以解决这个问题。"

"你要我如何改变模样?"

"加高河堤,怎么样?"

"行,我看可以。要说加高河堤,我有百分之百的把握。"

就这样,河堤和河流之间订下了和平条约。一方表示要加高河堤,另一方则表示决不淹没河堤。然而,这个条约能履行多长时间呢?

河堤十分了解人类。只要河堤在树木和农作物横七竖八躺倒的田边发出可怜的呻吟,人们就立刻跑过来手忙脚乱地给河堤添土加固。这已经成为村里人不成文的规矩了。

到了第二天,果然不出河堤所料,村里的人们看到河堤发出痛苦的呻吟,便带着家伙来到了河堤身旁。河堤心里暗自高兴:"这一下,我的身子要长高了!"经过几天的修筑,村里人给河堤穿上了灰白色的水泥衣服,河堤简直换了一副面孔。现在只要河流按照条约不淹没河堤,就万事大吉了。

10年过去了,20年过去了,30年过去了……虽然河流再也没有伤害穿上水泥衣服的河堤,但是却出现了意想不到的问题。在河堤上密密麻麻排列成行的柳树、杨树等树木开始变黄,然后一棵棵死去了,河里的小鱼也忙着收拾东西,准备要搬家。

河堤和河流又一次碰了头。

"河堤呀,最近你不觉得你周围的环境有所反常吗?"

"可不是吗!你我双方都老老实实地遵守了和平条约,

可我总觉得我的周围越来越荒凉了!"

"这到底是怎么回事呢?"

河流和河堤反复研究了这一反常现象。可它们就是找不到出现这种现象的根本原因。

用水泥建筑河堤会怎么样呢?

加高河堤可以防止河流没过河堤,从而保护农田,但同时也使河流和河堤的环境发生改变。用水泥建筑河堤虽然能够防止河流对河堤的破坏,但是同时也影响水草的生长。水草既可以使水质变得清澈、干净,又可以养育很多生物。河流在流动过程中,常将上游的大量的树籽运到下游。我们经常可以看到江河湖泊周围生长着郁郁葱葱的树木,那是河流带过来的树木的种子在河水的浸泡下发芽、生长的结果。如果河堤用水泥建造,树木和水草的种子在哪里扎根呢?

世界上最大的人工河堤

三峡大坝是中国长江上游的一座拦河大坝,也是迄今为止世界上最大的拦河大坝。三峡大坝可以有效地控制长江下游洪水的泛滥,同时也可以为中西部地区提供丰富的电能。但是随着大坝的建成,这里的环境发生了很大的改变,大量的森林植被和肥沃的农田被水淹没,还有不少文化遗产因此消失。三峡大坝的建造就像硬币的正反两面,有利也有弊,同时也给我们提出了很多值得深思的研究课题。

有什么样的水,就有什么样的鱼

香鱼、细鳞鲑、红鳟鱼等鱼类生长在清澈、干净的一级水里。

公鱼、鳜鱼、虾虎鱼、罗汉鱼、宽鳍鱼等鱼类生活在二级水里。如果说一级水可以直接饮用的话,二级水则必须通过消毒处理才能饮用。

泥鳅、鲇鱼、黑鱼、鲫鱼、鲤鱼等鱼类生活在三级水里。三级水指的是工业用水和农业灌溉用水。

淡水鱼的天敌

1991年,美国帕姆利科河河面上突然漂浮起一大群淡水鱼,奇怪的是这些死鱼的身上都有铜钱那么大的疤痕。经过研究,科学家断定这些淡水鱼死于一种名叫"淡水鱼杀手"的微生物。这种微生物经常变换自己的模样,有时变成尖细的模样,有时又变成扁平的模样。平时它们老老实实地潜藏在水底深处,一旦得到充足的营养,它们就变得十分凶猛,数量猛增,依附在淡水鱼身上吸食淡水鱼的养分,直至淡水鱼死亡。

据说这些微生物最喜欢的营养恰恰是包括家畜粪便在内的有机肥料。这就使人们感到左右为难,要想养活河里的鱼必须投放有机肥料,而有机肥料同时又可以养活淡水鱼的天敌!

地球上的池塘

池塘和青蛙的悲欢离合

初夏的天空阳光明媚,世上万物茁壮成长。一只青蛙来到田间,孤单地徘徊在一年前被人们填平的池塘旧址周围。

青蛙与这里的池塘爷爷相识,发生在人们填平这个池塘之前。当时,青蛙正在寻找一个能够永久栖息的安乐窝。穿过芦苇荡,越过蒲柳丛,当青蛙看见草丛中的池塘时,乐得它大嘴巴一直笑开到耳根。

"踏破铁鞋无觅处,得来全不费工夫。天堂原来就在这里。"

浮萍草密密麻麻地覆盖在池塘上面,有几朵绽放的荷花在浮萍中露出脸来,迎接来来往往的昆虫和小动物。宽大的荷叶漂浮在池塘上面,那是青蛙最理想的午睡场所。

"您好,池塘爷爷!您能不能允许我住在这里?"

青蛙张开大嘴问了一声。

"当然可以!对我来说又多了一个朋友,有什么允许不允许的呢?"

"谢谢您,池塘爷爷!"

就这样,青蛙和池塘爷爷很快成了好朋友。

"请问池塘爷爷,您从什么时候开始生活在这里的?"

"很早以前。那个时候,这个世界上还没有诞生人类呢!"

"是吗?那,您的岁数是……"

"哦，具体多大年龄，我也说不清楚。大概有1亿4000万岁吧。"

"哇，天啊，这么大的岁数呀！"

"嗯，要成为池塘，至少要有我这个年龄。地球上的所有自然池塘，都是经过漫长的岁月才形成的。很早以前，我也是一条流淌不止的河流。可是，随着肥沃的泥土一层层地沉淀，还有死去的小鱼和昆虫的尸体的沉积，我从河流渐渐地变成了池塘。之后众多的生物来到我的身旁安营扎寨，使我变成了现在这个模样。你看，我身上的这么多芦苇、菖蒲和浮萍都是在那个时候扎下根的。后来，长着圆圆气囊的菱花和一朵朵荷花也先后在这里落户，候鸟也成群结队地飞到这里，它们怕我孤独寂寞就与我做伴聊天。"

"哇，您竟然有这么多的朋友！"

能够与1亿多岁的池塘爷爷交上朋友，青蛙高兴得合不上嘴了。

正当青蛙和池塘爷爷和睦相处，过着安宁日子的时候，传来了一个如晴天霹雳般的坏消息。为了搞所谓的农田基本建设，人类竟然要把这个池塘填平。

青蛙立刻四处奔走，要池塘里的所有生物们赶快拿出对策来。可是谁都不相信青蛙的话。因为它们在自己的父辈那里听说过，青蛙家族成员最大的本事就是招摇撞骗。

"好啦，青蛙！你的一片心意我领了。看来我是逃不掉被人填平的厄运，你还是赶快离开我吧。免得跟我一起遭殃。"

池塘爷爷伤感地说道。可青蛙就是不肯离开池塘爷爷。

不幸的事情终于发生了。有一天，一帮人蜂拥而至，挥锹的挥锹，抢镐的抢镐，还是填平了这个1亿多岁的池塘。不仅如此，人们还乱杀乱捕池塘里的生物，美丽的池塘只一会儿工夫就变成了平坦的农田。青蛙好不容易逃脱了人们的捕杀，搬到山脚下的一处水沟里。

从那以后，每到初夏青蛙都会来到这里，思念被人活埋的池塘爷爷。

青蛙至今还在念叨："当年初夏季节准时飞到这里来的候鸟们，如今都到哪里去了呢？"

池塘是地球忠实的环保卫士

湖水的流动不像河流那么频繁、急促,所以,无论是掉落在湖水中的树叶、死在湖水中的昆虫和动物,还是被流水带到湖水中的泥沙都不易流出湖外,它们常年积存在湖底,久而久之,湖泊就变成了池塘。

池塘能够清洁从地上流入的各种污染物。但是,池塘清洁污染物的能力有一定的限度。如果我们往池塘排放过多的污染物,池塘也会变成臭水塘。

生物的安乐窝——池塘正在从地球上消失

池塘是无数生物的安乐窝。那里生长着珍贵华丽的荷花,栖息着野鹅之类的候鸟。所以,池塘是小朋友们观察水中生物和沼泽生物的最佳场所。

可是,令我们痛心的是,这样的池塘正从我们的身边一点一点地消失。有人填平池塘修造农田,有人乱杀乱捕生活在池塘里的鲫鱼、青蛙等生物,也有人往池塘里肆意排放大量的污染物。我们的池塘正在痛苦地呻吟着,小朋友们,你们说我们该怎么办呢?

保护池塘,人人有责

鸟儿的栖息地——森林池塘

森林池塘是白鹭、苍鹭等各种水鸟按时光顾的栖息地,每年的初夏,它们准确无误地飞到这里来。各种野鹅和野鸭也在这里越冬。

植物的乐园——沼泽池塘

沼泽池塘可以说是植物的博物馆，那里生长着芦苇、蒲公英、蒲柳以及芳草等各种植物。

昆虫的安乐窝——平原池塘

平原池塘里生长着大量的平原植物，如灯笼花、蒿草、金丝草等，也栖息着很多蝴蝶、甲壳虫之类的昆虫。

循环往复的水

水滴旅行记

哦,我接触那颗水滴还是在一个烈日炎炎的夏天。当时,那颗水滴还在我的肚子里。天气很热,那颗水滴也许也闷热得受不了,一个劲儿地在催我放它出去。

"我说,你还是赶快放我出去吧!我都快要闷死啦!"

一开始,我还以为是因为酷暑我的听觉出毛病了呢。可听到水滴的反复催促,我才相信的确是我肚子里的水滴在跟我说话。

"我说,你为什么还不放我出去呢?"

"你在我的肚子里,我怎么把你放出去呢?"

"只要你使劲蹦跳几下就可以。我会变成汗水流到你的身体外面。"

尽管水滴一再求我放它出去,可我却不愿意让我肚子里的水就这么排放出去。于是,我故意停止所有的活动,静静地坐在树阴底下,唯恐水滴变成汗水流到我的体外。

因为天气十分闷热,即使坐在树阴底下也止不住流淌的汗水。我真希望天降大雨,驱散这难以忍受的闷热。似乎看透了我的心思,水滴又在我的肚子里嘀咕道:"我知道因为天太热你也有点吃不消。怎么办?还是放我出去吧。只有我升上天空才能降下雨水,否则,没有水滴的天空是不会为你降雨驱暑的。"

水滴开始讲述它在进入我的肚子之前的经历：

"我的故乡是大海，我原本生活在大海中。在烈日炎炎的一天，我被阳光蒸发到天空中去了。"

噢，原来随着气温的上升，海水可以变成微小的水汽升上天空。

"然后呢？"

"我变成云朵升上了天空。那里已经聚集了很多水滴朋友们。只要风吹来，我的朋友们就凝聚成一团，由微小的水汽变成较大的水滴。由于我们的身体太重，空气已无法支撑，所以我们就重新掉落在地面上。"

"从天上落下来以后呢？"

"有的朋友降落在屋顶上，有的朋友降落在田地和树叶上，也有的朋友降落在河流和大海中。降落在田地上的朋友们很快渗透到田地里，促进农作物的生长。"

"噢，原来是这样。不过，你是怎么变成自来水进到我的肚子里的呢？"

"因为我和别的朋友不一样，没有降落在田地上，而是降落到河流中。所以我没有渗透到田地里，而是被人们引到净水场里。在那里洗去身上的污物以后，我和朋友们沿着粗大的管道，被源源不断地送到工厂、家庭和饭店。就这样，我被送到了你的家里。"

水滴的讲述非常神奇，我听得入迷了。

"所以说，只有把我从你的肚子里放出去，我才能变成云朵给你送来凉爽的雨水，你还是赶紧放我出去吧。换一个角度想一想，在这么闷热的天气里，如果有人把你关在小屋子里，你会怎么样？"

水滴像孩子一样紧紧地缠着我不放。我假装没有听见，轻轻地哼起歌来了。

看到我根本没有要放它走的意思，水滴便有气无力地说道：

"算了，我也不求你了！反正我会到你的体外去的，只不过是早晚的问题。我只好等到你排尿，到时候我就变成你的尿水排到你的体外去。"

"喂，水滴！再跟我谈一会儿，喂！"

不管我怎么呼唤，水滴就是不搭理我。我思索片刻之后，还是决定放水滴走,到了卫生间门口,我犹豫了一下,然后回过头来跑进教室,拿起足球去了学校的操场。

我突然觉得我肚子里的水滴是那么可爱、宝贵,我不忍心把它排放到又脏又臭的卫生间里。

在地球上循环往复的水

每当阳光灿烂的日子,积存在大海和江河湖泊的水便被蒸发到天空中去。当水分蒸发到天空的时候,我们用肉眼是看不见的。因为它变成非常微小的水汽,随着热风漂浮在天空中。这些微小的水汽在天空中汇集成云团,遇到天空中的冷空气,则又变成雨水和雪花,重新降落到地球表面。降到陆地、大海和江河湖泊的雨水和雪花又重新变成微小的水汽,再次被蒸发到天空中去。所以说,地球上的水是循环往复的。

自来水是如何形成的?

生物起源于大海,所以生存于地球上的所有生物都需要水,而且大多数生物都需要干净的水。就人体来说,占人体质量70%的都是水。如果人体内的水分流失又得不到及时补充,人就会脱水而死。

这说明我们人类也离不开水,而且离不开干净的水。

我们现在饮用的自来水大都来自普通的河水和湖水。这些水先被送到净水场,通过过滤系统除去污物和异味,再用消毒药进行消毒处理,最后被送到千家万户。

水 —— 引发战争的重要因素之一

水还能引发战争?这话听起来似乎有点荒唐。但这又是不可争辩的事实。因为目前占世界人口40%的80个国家正受着缺水的困扰。很多战争都是因争夺资源而引发的。水是人类生存所需的第一资源,因此那些缺水国家之间会发生战争,这绝不是耸人听闻的话。

小朋友们,你在刷牙的时候使用牙杯吗?

小朋友们都已经知道了,水是我们人类一刻也离不开的宝贵的自然资源。在水资源越来越紧张的今天,我们必须倍加珍惜水资源,节约地球上有限的淡水资源。节约水的办法很多,这里我们就介绍一个。

小朋友们每天早晨吃饭前和晚上睡觉前都要刷牙。如果你在刷牙的时候一直让自来水的水龙头开着,那么宝贵的自来水就会白白地浪费掉。自来水跟一般的河水不一样,它是经过好多道工序处理后才被送到我们家里来的。

请小朋友们在每次刷牙的时候,将牙杯放在洗漱台上面。刷牙时用牙杯接水,然后及时关掉水龙头,这样不就能节约自来水了吗?

土 壤 的 形 成

变 成 土 壤 的 落 叶

又到了落叶归根的秋季。漫山遍野的树叶已经变成金黄色,将原本绿色的山川田野装扮得格外美丽。树林里的动物们都在忙着准备过冬。可是有一片挂在橡树上的金黄色树叶愁容满面,连连发出伤心的叹息声:"怎么啦,树叶?有什么伤心事,这样唉声叹气呢?"

同一棵树上的橡树果子问树叶。

"唉,再过几天我会是什么模样呢?"

"那还用说,当然要掉到地上,变成一片落叶呗!"

橡树果子不假思索地回答。听到这句话,树叶的表情变得更加阴郁。橡树果子这才明白树叶心中的烦恼,便用安慰的口气对树叶说道:"树叶啊,我也为你几天后的处境感到非常遗憾。这一年来,你们树叶默默无闻、勤勤恳恳地为我付出,我心里非常感激你们。没有你们树叶和树根给我提供营养,我恐怕早就饿死了。现在到了秋天了,我就要掉到地上变成种子,明年春天还可以再长出来,成长为俊美的橡树。而你呢,掉落到地上,只能变成一把烂泥。我真为你的将来感到难过。"

"唉,老天爷也真不公平。为什么你能成为橡树果子可以死而复生,而同一棵树上的我却成了一片树叶,死后只能变成一把烂泥呢?"

树叶因为自己不幸的命运,再一次发出长长的叹息声。

又过了几天,金黄色的树叶开始枯萎了。树叶觉得挂在树上的身子越来越重,它使出最后一丝力气,抓住树枝不放。

然而,就在树叶筋疲力尽的时候,冷不防一阵秋风刮过来,吹在了树叶的身上。树叶到底没有挺住,飘然落在了地面上。

"完了!现在只能等待腐烂,变成一把泥土了!"

树叶放弃一切念头,静静地躺在地面上,等待自己的身体被腐化。这时,不知从什么地方传来了一个微弱而温柔的声音。

"树叶呀,不要太难过!别看你已经掉落在地面上,可你不会死亡,你会变成另外一个模样继续生存在这个世界上。"

"啊,你是谁?"

"我是你身子下面的泥土。你很快也会变成泥土,变成肥沃的土壤,让橡树果子它们在你怀抱里生根发芽。俗话说得好,落叶不是无情物,化作泥土更护花。"

"此话当真?"

"我不会跟你说谎的。有土壤的地方就有生命。可以说你马上就会成为所有生命的母亲。所以,我劝你不要太伤心。"

尽管土壤用亲切的语言安慰树叶,可树叶还是害怕自己变成一把腐烂的泥土。再说,自己变成泥土以后,能不能真的像土壤说得那样让橡树果子在自己的怀抱里生根发芽还是未知数呢。

一天又一天过去了。在这期间不知从哪里来的一群群小虫子围过来,开始吞食树叶的身子。接着,又下起雨来了。被雨水浇透了的树叶,软绵绵地躺在地上,连动弹一下的力气都没有了。一夜过去,又出现一蔟白色的真菌,它们在树叶身上安营扎寨了。

树叶心慌意乱,用微弱的声音叫了一声自己身子底下的土壤。

"土壤阿姨,在我变成泥土之前,这些虫子和真菌总在吃我,这可怎么办呀?"

"不用担心。只有彻底腐烂自己的身子,才能变成好的土壤。过不了多久,你身边的小虫子也会死去并腐烂变成泥土的。"

几个月过去了。金黄色的树叶完全腐烂了。树叶终于变成了肥沃的土壤。

已经变成土壤的金黄色树叶悄悄地拥抱了一粒掉在地上的橡树果子。又过了几个月,在金黄色树叶的怀抱里长出了一棵美丽可爱的小嫩芽。那是金黄色的树叶腐烂自己的身子而孕育出的新的生命。

土壤是怎么形成的?

坚硬而巨大的岩石在长时间的风吹雨淋之后会被分解成细小的沙粒,这就是自然界的风化作用。如果因风化作用而形成的沙粒中掺杂些腐烂的动物尸体或植物枝叶等有机物质,便会形成土壤。那么动物的尸体和植物的枝叶又是由谁来腐化的呢?这个任务就由细菌等看不见的微生物来完成。如此看来,我们人类死亡之后,也会变成培育新生命的土壤,变成孕育世上万物的大地母亲。

土壤的作用是什么?

有道是皮之不存毛将焉附,地球上的生物也一样。如果没有土壤,生物就失去了生存的环境,统统要死去。土壤养育的植物既给大多数生物提供必需的食物,又给它们提供不可缺少的氧气。所以我们说有土壤的地方就有生命,土地是万物的母亲。既然土壤对我们的生活起着如此重要的作用,我们是不是应该对它倍加珍惜、倍加呵护呢?

生 存 在 土 壤 里 的 动 物

土壤动物是土壤中和落叶下生存着的各种动物的总称,土壤动物作为生态系统物质循环中的重要消费者,在生态系统中起着重要的作用,一方面积极同化各种有用物质以建造其自身,另一方面又将其排泄产物归还到环境中不断改造环境。

常见的有蚯蚓、蚂蚁、鼹鼠、变形虫、轮虫、线虫、壁虱、蜘蛛、潮虫、千足虫等。有些土壤动物与处在分解者地位的土壤微生物一起,对堆积在地表的枯枝落叶、倒地的树木、动物尸体及粪便等进行分解。细菌的繁殖能使枯枝落叶软化,从而增加适口性;枯枝落叶经土壤动物吞食变成粪便排出后,又便于微生物的分解。一部分土壤动物是自然界"垃圾"的处理者;另一部分土壤动物是以其他动物为食物的捕食者。构成土壤中食物链和食物网。蚯蚓能大量吐食土壤,分解有机质提高土壤肥力,促进土壤团粒结构的形成,改善土壤物理性质。另一方面,一些土壤动物也危害农田,如鼹鼠。土壤动物对环境变化反应敏感,物种组成和生存密度会随着环境的变化而改变。藉此可以利用土壤动物物种组成和生存密度的变化作为环境监测的手段,如蚯蚓便是放射性污的指示生物。

警 惕 水 土 流 失

水土流失是不利的自然条件与人类不合理的经济活动互相交织作用产生的。不利的自然条件主要有:地面坡度陡峭,土体的性质松软易蚀,高强度暴雨,地面没有林草等植被覆盖;人类不合理的经济活动主要有:毁林毁草,陡坡开荒,草原上过度放牧,开矿、修路等生产建设破坏地表植被后不及时恢复,随意倾倒废土弃石等。水土流失是自然因素和人为因素共同作用的结果。

(1)自然因素:主要包括地形、地貌、气候、土壤、植被等,这些自然因素必须同时处于不利状态,水土流失才能发生与发展,其中任何一种因素处于有利状态,水土流失就可以减轻甚至制止,我国产生水土流失的地形地貌主要有三种:一是坡耕地;二是荒山荒坡,大片的荒山荒坡被裸露,坡陡植被很差,特别是草皮一旦遭到破坏,侵蚀量将成倍增加;三是沟壑,有沟头前进、沟底下切和沟岸扩张三种形式。

(2)人为因素:主要是对自然资源的掠夺性开发利用,如乱砍滥伐、毁林开荒、顺坡耕作,草原超载过牧,以及修路、开矿、采石、建厂,随意倾倒废土、矿渣等不合理的人类活动。这些不合理的人类活动可以使地形、降雨、土壤、植被等自然因素同时处于不利状态,从而产生或加剧水土流失,而合理的人类活动可以使这些自然因素中的一种或几种处于有利状态,从而减轻或制止水土流失。

水土流失破坏地面完整,降低土壤肥力,造成土地硬石化、沙化,影响农业生产,威胁城镇安全,加剧干旱等自然灾害的发生、发展,导致群众生活贫困,生产条件恶化,阻碍经济、社会的可持续发展。

(1)冲毁土地,破坏良田。由于暴雨径流冲刷,沟壑面积越来越大,坡面和耕地越来越小。

(2)土壤剥蚀,肥力减退。由于水土流失,耕作层中有机质得不到有效积累,土壤肥力下降,裸露坡地一经暴雨冲刷,就会使含腐殖质多的表层土壤流失,造成土壤肥力下降,据试验分析,当表层腐殖质含量为2%~3%时,如果流失土层1厘米,那么每年每平方公里的地上就要流失腐殖质200吨,同时带走6~15吨氮,10~15吨磷、200~300吨钾。此外,水土流失对土壤的物理、化学性质以及农业生态环境也带来一系列不利影响,它破坏土壤结构,造成耕地表层结皮,抑制了微生物活动,影响作物生长发育和有效供水,降低了作物产量和质量。

(3)生态失调,旱涝灾害频繁。水土流失加剧,导致生态失调、旱涝灾害频繁发生,且愈演愈烈。由于上游流域水土流失,汇入河道的泥沙量增大,当挟带泥沙的河水流经中、下游河床、水库、河道,流速降低时,泥沙就逐渐沉降淤泥,使得水库淤浅而减小容量,河道阻塞而缩短通航里程,严重影响水利工程和航运事业。

(4)淤积水库,堵塞河道。严重的水土流失,使大量泥沙下泄河道和渠道,导致水库被迫报废,成了大型淤地坝。

危害无穷的农药

吃错苹果的魔法师

山沟里有一座孤零零的小木屋,小木屋里生活着一位魔法师和一只小鹦鹉。一天,魔法师正在制造一种长生不老药,忙得不亦乐乎,小鹦鹉也在一旁跑前跑后,不知不觉就到了中午。

"一把有生命的泥土,两滴晨露,三片只在圆月下漂浮在池塘中的荷叶……哎哟,我都要饿死啦。鹦鹉呀,你放下手中的活,赶紧给我准备午饭!"

"是,主人!"

听到主人的吩咐,小鹦鹉将一只口袋往脖子上一挂,呼啦啦地飞出了门外,向山外飞去。山外有一座小村庄,村庄里的人们年年种水稻和苹果。魔法师和小鹦鹉一直靠偷吃那里的谷物和苹果维持生活。今天,鹦鹉照常来到小村庄。它先偷了一些茄子、辣椒,然后来到了山坡上的苹果园。

"要是有果园主人看着,怎么办呢?"

每次偷苹果,鹦鹉总是提心吊胆。今天运气不错,主人正在专心地喷洒农药。趁主人不注意,鹦鹉迅速摘下3个苹果。苹果又红又鲜嫩,还滴着水,看起来很好吃。

鹦鹉完成任务,就马上飞了回去。魔法师在小木屋里正焦急地等着它。看到鹦鹉满头大汗地飞回来,魔法师迫不及待地说道:

"我饿得腰都挺不起来啦。哟,有苹果啊?先给我一个!"

鹦鹉将苹果递给魔法师，然后就到后院的小溪边去洗蔬菜了。当鹦鹉洗完菜回到小木屋后发现，才一会儿工夫，家里就出大事啦！原来魔法师昏倒在地板上，手里还握着没吃完的半个苹果。

小鹦鹉翻山越岭来到城里的医院。

"医生，出大事啦！我的主人昏倒在家里了！当时主人说肚子饿，吃了几口苹果，可是刚吃到一半，就突然昏倒了。是不是因为吃得太急，叫苹果给噎住了呢？"

"什么？昏倒了？吃了半个苹果怎么会那样呢？快走，我看看去！"

鹦鹉领着医生来到了小木屋。这时，魔法师仍然直挺挺地躺在地上一动不动。医生拿起魔法师身旁的那只苹果，仔细地观察起来。

"这只苹果从哪里来的？"

医生问鹦鹉。

"这只苹果是……"

鹦鹉不知说什么好。它不敢说那是偷来的。可医生却一定要问清楚苹果的来源，说如果弄不清苹果的来源，就无法救魔法师。

"其实，我是趁果园主人不注意，从果园里摘来的……"

说完，鹦鹉惭愧地低下了头。

"什么？这么说这只苹果是你从果园里偷来的？好啦，这事暂时不说，我再问你，当时果园里发生了什么事？主人在干什么？怎么没有发现你偷苹果？"

"主人在忙着干活，没有工夫注意我。"

"果园主人干的是什么活？"

"他正忙着给果树喷洒农药。我摘下这几只苹果的时候，上面还滴着农药呢。"

"哦，这么说你的主人是吃了没有清洗过的苹果，对不对？原来是这样！我告诉你，他吃了没有洗过的苹果，他是中了苹果上的农药的毒才昏倒的。现在情况很危险，我们必须赶紧让他吐出所有的东西，否则会有生命危险的！"

医生马上给魔法师灌了一种药,魔法师立刻呕吐起来。把胃里的东西全都吐完后,魔法师就慢慢地苏醒过来了。

等医生回去之后,魔法师对鹦鹉大发雷霆:

"你这愚昧无知的东西,怎么可以摘刚喷过农药的苹果?长生不老药还没有制造出来,我却差一点死在你的手里!"

农 药 的 危 害

自从人类发明农药和化肥以后,农作物的产量有了很大的提高,农民的劳动强度也减轻了很多。原来几天几夜都铲不完的地,现在只要喷洒一瓶烈性除草剂就可以解决问题。可是,由于长期喷洒农药,害虫的免疫力也随之增强,这又迫使农民喷洒更多的农药。然而农药对人们的身体是非常有害的。有些烈性农药,只要一滴就可以致人死亡。这绝不是耸人听闻的谣传,而是发生在我们身边真实的事情。市面上出售的很多水果和蔬菜都是喷洒过农药的,而有位小朋友吃下了连皮没有清洗干净的苹果,结果不幸中毒身亡了。

为了消灭害虫,生产部门正在使用越来越多的农药,而喷洒过农药的谷物、蔬菜和水果,直接危害我们的健康。小朋友们,你们说这是不是恶性循环呀?

严 重 污 染 土 壤 的 农 药

土壤具有清洁自身的能力,可土壤清洁自身的过程是非常缓慢的。所以过多的有害物质侵袭土壤,会使原本肥沃的土壤来不及清理有害物质,污染越来越重,最后寸草不生。

污染土壤的罪魁祸首是农药、化肥、重金属、酸雨、放射性元素等。无私的土壤给我们人类奉献宝贵的粮食,而自私的人类回报土壤的却是有害物质。这些有害物质在杀死生活在土壤里的各种生物的同时,也危害着制造这些有害物质的人类。

要彻底医治被污染的土壤,既需要很长的时间,又需要很多的经费。明知这一道理,人们仍在喷洒大量的农药,肆意毁坏宝贵的土壤。眼下土壤污染越来越严重,而且越来越多的优质土壤正在受到污染的威胁。这令我们深为担忧。

保护农作物的动物朋友们

1.鸭子

在田地里放养的鸭子不仅可以吃掉对农作物生长有害的杂草,而且还能吃掉蚂蟥等害虫。对农作物来说,鸭子的粪便还是营养丰富的有机肥料呢。

2.蜘蛛

蜘蛛可以吃掉蚂蚱等危害农作物生长的害虫。

3.田螺

田螺专门吃掉与农作物争夺养分的各种杂草。

迁 移 生 物

牛 蛙 的 争 辩

哎哟,真是冤枉死啦!我是有苦难言呀!当时是他们强行把我抓过来,可现在他们又嫌我这个不好那个不好要撵走我,你说我该怎么办好呢?

我是谁?哦,对不起,我忘了介绍我自己。我是来自美国的大青蛙。说我是大青蛙,是因为我的体格比这里的本地青蛙要大两倍以上。什么,你问我怎么来到了这里?是啊,我又不是鲨鱼那样的游泳高手,不可能自己横渡太平洋来到这里。是这个国家的人们硬把我抓来的,他们抓我到这里来是为了提高农村的收入。换句话说,因为我是青蛙家族成员,所以想把我做成美味佳肴送到人们的餐桌上。什么?我的名字?我也有我的原名,可来到这个国家以后,这里的人们称我为牛蛙。也许是因为我的叫声与牛的叫声相似吧。

说句心里话,初来乍到,人生地不熟,我确实害怕极了。

可有一天,我无意中来到一潭湖水边上。当我为今后的去处犹豫不决的时候,突然有一样东西在我面前一闪而过。

正当我感到纳闷的时候,那个东西重新出现在了我的眼前。哟,原来是两条鱼。一条是大嘴巴的鲈鱼,另一条是身上有蓝色条纹的太阳鱼。第六感觉告诉我,我们之间肯定有什么共同的地方。

"哇,是个超大型青蛙呀!"

"是啊，我也第一次看见这么大的青蛙。也许，它也跟我们一样，也是从别的地方迁移到这儿的。"

对呀，原来我们都是从别的国家迁到这里的呀！于是，我向它们讲述了我的遭遇。

"牛蛙呀，既然你也是移民，我就实话告诉你！你要记住一个道理——适者生存。这里的环境非常艰苦，要生存下去，就要培养适应能力。只要顽强地活下去，不断地扩大你的家族，这里也就成了你的第二个故乡。"

"对。这里的生物都欺软怕硬。只要你先发制人，这里的食物够你吃的。我喜欢吃虾米，太阳鱼喜欢吃小鱼。为了生存，我们必须学会敢于吃掉这里的小生物。"

在鲈鱼和太阳鱼的鼓励下，我在这个陌生的环境中顽强地活了下来。因为我体格壮、胃口大，再加上食性本来就好，虾米、小鱼、田螺、本地青蛙、蜥蜴，甚至毒蛇都成了我的捕食对象。身体养好了，我的繁殖能力也大大增强。我可以一次性产下4000~6000只卵，而且在我的保护下，它们都能安全孵化，健康地成长。

可是有一天，我捕食毒蛇的新闻被刊登在报纸上。这下可把这里的人们吓住了。因为这里的人们只听说过毒蛇吃掉青蛙，还从来没听说过青蛙吃掉毒蛇。然后他们硬说我是破坏这一带生态环境的元凶，有的要求消灭我的家族，有的则要求撵我回老家。说真的，生态环境破坏一点又能怎么样？整个生物界不也是弱肉强食、适者生存的吗？哪有青蛙必须被毒蛇吃掉的道理？

不管怎么样，我依旧我行我素，在这里生儿育女、安家落户了。在我生活的地方，几乎看不见当地的青蛙家族的踪影了。原因很简单，我的家族把它们都给吃掉了。当然，也有一些当地青蛙闻声逃跑了。

看到当地的生物被我吃掉，当地的生态平衡遭到严重破坏，人们发起了捕杀和驱赶我们家族的愚昧的活动。可我也有话说，谁让你们当初硬把我抓到这里来？既来之，则安之。这里既然已经成了我的第二故乡，那么我认为我的家族也应该能在这里自在地生活，你们说是不是？

捕 食 毒 蛇 的 牛 蛙

20世纪50年代末,牛蛙从美国迁移到我们这里。牛蛙饲养方便,成活率高,且成年牛蛙肉质鲜嫩,因此饲养牛蛙是当时人们致富的一条好途经。

牛蛙的体型要比我们本地青蛙大得多,而且它的力气也很大,所以它的捕食范围很广,每天的食量也大得惊人。牛蛙捕食虾米、田螺、本地青蛙、小鱼、蜥蜴等小动物,就连毒蛇也可以吞食掉。正因为牛蛙的这个特性,只要有牛蛙的地方,当地生物就面临着灭绝的危险。因此现在有不少地方特意动用人力捕杀和驱赶牛蛙,以保护当地生物的正常生长。一次产卵4000~6000只的牛蛙,如果任其自由繁衍下去,后果会怎么样呢?

迁 移 动 物 —— 太 阳 鱼

和牛蛙一样,太阳鱼也是从美国引进的迁移动物。这种鱼繁殖率高、肉质鲜嫩,是人们餐桌上的一道美味佳肴,深受人们的喜爱。然而,因为这种鱼食性好、捕食范围广,也有可能吃掉当地江河湖泊里的所有小鱼。像这些从国外引进并在当地繁衍生息的动物,叫做迁移动物。

危 害 自 然 环 境 的 迁 移 植 物

1. 美洲商陆

美洲商陆是一种生长在城市和工厂周边山坡上的植物,其原产地在北美洲。美洲商陆能结出一串紫黑色的浆果,具有观赏价值。它的根系长达十多米,能吸收周围几十平方米内土壤的养分,繁殖能力异常强盛。正因为这样，它的迁移常常给当地植物的正常生长和生存带来威胁。

2.三裂叶豚草

三裂叶豚草也和美洲商陆一样是生长在城市和工厂周边的植物。每到8月份，这种草便绽放黄色的花朵，如果其花粉被人吸入口腔内，就会引发可怕的"花粉症"。它是引起人类花粉过敏的主要病原体。

濒 临 灭 绝 的 动 物

求 求 你, 放 我 们 一 条 生 路 吧

现在我要告诉你一个埋藏在我心中多年的秘密。

我有一处秘密的活动场所,对,是只有我一个人知道的地方。那里是火山爆发后形成的地方,到处都有像狼牙一样的尖尖的怪石。有一次我在那里玩耍,偶然发现了一个非常神秘的洞。因为那个洞口被一块形状奇异的岩石挡住,我以前一直没有发现。那个洞口并不小,像我这样的小孩子完全可以自由进出。

一天,我来到洞口,壮着胆子往下一蹲,顺着洞口的岩石板哧溜地滑进了洞内。到洞内我才发现,原来这是一个又长又宽的岩洞。别看洞口只能容纳一个人进去,可越往里走,岩洞越宽敞,而且洞里有很多奇形怪状的钟乳石和石柱子。

你猜,我在那里看见什么了?说出来会吓你一跳。我在那里看见了恶魔城。当然,我并没有碰上19世纪英国作家斯托克的小说《恶魔城》中的那个吸血鬼之王德古拉,我看见的是故事里所描述的蝙蝠。岩洞里面又黑又潮,是蝙蝠理想的栖息场所。我看见岩洞的天花板上有数不清的蝙蝠密密麻麻地倒挂着,正在冬眠呢。你知道吗?蝙蝠在一年当中要冬眠6个月,也就是说它有半年的时间待在洞穴里睡觉。

在那里,我结识了一个朋友,是一只外号叫假老鼠的小蝙蝠。小蝙蝠

也倒挂在岩洞的天花板上,睁开眼睛盯着我。看见有人闯入自己的领地,责任心极强的小蝙蝠假老鼠警觉地向我发问:"你到底是哪一伙的?是朋友,还是敌人?"

"我到底是哪一伙的,我也说不清楚。如果是敌人,会怎么对待你们?"

"那当然是带着光和噪音闯入我们的洞穴里。"

"看来你们是一群害怕光和噪音的朋友!不要担心,我什么也没有带来。我是路过时偶然发现这个洞穴的。请你不要对我怀有戒心,我不会伤害你们的。"

"那你能不能替我保守一项秘密?就是保证不要对任何人说这里有洞穴和我们住在这里?"

我点了点头。就这样,我和那个假老鼠成了好朋友,从那以后,在蝙蝠冬眠期间我天天到洞穴里去看望我的新朋友小蝙蝠假老鼠。因为怕打搅别的蝙蝠的冬眠,我们俩就躲在洞穴僻静的角落里悄声细语地交流感情。一直抬头望着倒挂在天花板上的朋友聊天,我的脖子都僵硬了。

"我们通常生活在破旧的房屋和像这样的洞穴里面。也有的朋友居住在已经报废的矿井里。可是,现在最叫我们头痛的是我们的居住场所受到越来越多的限制,我们的活动范围也比以前减少很多了。"

"那可太不幸了!那你们现在居住的这个地方安全吗?"

"我听妈妈说过,这世上也有捕食我们蝙蝠的人。听妈妈说,有一天你们人类闯入她生活的洞穴里,将我们好多好多的蝙蝠兄弟装入口袋抓走了。他们嘴里还说:'蝙蝠肉明目养肝,是医治神经痛的特效药。我们把这些蝙蝠统统捉起来卖到药店去!'那一次,我们几十个兄弟就这样活活地被你们人类杀死了。"

说着,小蝙蝠的眼睛便湿润了。听着小蝙蝠的哭诉,我羞愧得无地自容。好在洞穴里暗得很,我的朋友没有看到我那羞愧难当的窘态。

"要说过去,我们最害怕的是黄鼠狼和毒蛇。可现在我们觉得最恐怖的就是你们人类,因为人类对我们的生命安全是最大的威胁。当然,除了你。我看你是一个心地善良的小朋友,我想你是绝对不会伤害我们的。"

听了小蝙蝠的这句话,我既惭愧又高兴。

从那以后,我再也没有去过蝙蝠的洞穴里。我们最后话别的时候,我的蝙蝠朋友一再嘱咐我不要再来这个地方。因为它的同伴们即将结束冬眠,如果看见有人胆敢入侵自己的领地,它们就会合伙攻击的。

那天小蝙蝠假老鼠对我说过的话,至今还萦绕在我的耳边:"我求你一件事。回去以后告诉你们人类,不要再伤害我们,我们也是你们人类的好朋友。请高抬贵手,放我们一条生路吧。"

我们周边的动物为什么越来越少呢?

原因很简单,就是因为它们拥有美丽的皮毛、鲜嫩的肉或者宝贵的骨头。

水貂、老虎、金钱豹、狸猫等动物都有贵重的皮毛,人们喜欢用它们的皮毛来制作华丽的毛皮服装。老虎的皮毛还常被用来制作高级豪华的地毯。鳄鱼的皮坚硬结实,人们喜欢用它来制作皮包和钱夹。老虎的骨头又是珍贵的药材,人们捕杀老虎将虎骨泡在酒里制造虎骨酒。这些真令人痛心。

犀牛和大象也因为长有独特的犄角和象牙而被人们捕杀。小朋友们,我想你们家里不会有用犀角和象牙制成的装饰品吧?

也有一些类似豺狼那样因伤害人类而被捕杀的动物。

当然也有大批的动物是因为生态环境遭到破坏而死亡,甚至濒临灭绝的。热带雨林正在遭受人为的破坏,祖祖辈辈在那里生活的大猩猩和大狒狒还能上哪里去呢?

生活在我们周边的濒临灭绝的动物们

1.秧鸡

秧鸡每年夏季都飞到我们这里来,由于人类长期喷洒农药,严重污染了土壤,使得它们逐渐失去了栖息地,也失去了喜欢吃的食物。

2.黑熊

黑熊浑身都是宝,熊胆是珍贵的药材,熊皮可用于制作高档装饰品。为此,贪婪的捕猎者常对黑熊虎视眈眈。

3.水貂

水貂的皮毛可用来制作昂贵的貂皮大衣。

恐龙突然灭绝的原因

大约两亿三千万万年前,恐龙出现在地球上;大约六千五百万年前,它却突然灭绝了。在地球上生存了近一亿七千万年的恐龙在突然之间灭绝了。这是什么原因导致的呢?这个千古之谜至今尚未解开。

有的科学家推断,当时有一颗巨大的彗星与地球相撞,地球上顿时升起漫天尘埃,遮蔽了阳光。地球上的所有生物因得不到来自阳光的能量,纷纷死亡。当然,恐龙也不例外。

有的科学家则认为,随着地球气候的突变,地形发生了巨大的变化,同时地球上出现了一些带有毒性的新物种,使得恐龙失去了赖以生存的自然环境,不能继续生存下去,最后灭绝。

从以上推断我们可以得出共同的结论,那就是不管由于什么原因,地球的环境变化导致了恐龙的灭绝,这是不争的事实。

生 物 之 家

洁 净 老 太 太 的 房 屋

我们村里有一位老太太,因为她特别爱干净,大家都叫她洁净老太太。老太太从早到晚扫帚不离手,扫了又扫,屋里屋外总是那么整洁,一尘不染。在她家附近我们谁都不敢大声喧哗,更不敢踢球。因为一旦皮球踢进她的院子里,整个村子就会像炸开了一样。

"这是谁家的孩子,这么没有教养,竟把皮球踢进我家的院子里!"

经老太太这么一张扬,我们就谁都免不了挨一顿爸爸妈妈的数落。所以,尽管洁净老太太家旁边有一处宽敞的空地,可我们谁都不敢到那里去玩,怕惹一身祸。

然而,没想到前几天,洁净老太太房屋上竟然贴出了印有"出售房屋"字样的纸条。原来她要搬到城里的儿子家去住了。这可把我们乐坏了。

可以重新回到那个空地去玩耍了,我们高兴得就像是重新找回了本来属于我们的领地似的。

"喂,我们到洁净老太太家里去看一眼怎么样?看一看老太太家里到底是什么模样!"

"没看见房门紧锁着吗?我们怎么进去?"

"咱们翻墙进去!"

"如果我们翻墙的时候,洁净老太太突然出现在这里,那怎么办?老太太不一定什么时候过来看一眼自己的房子呢。"

"不会的。要了解自己房子的情况,只要打一个电话就可以了。"

"也不一定。她是一个特别爱干净的老太太,说不定什么时候过来收拾一下自己的房子呢。"

我们大家听了都点点头。老太太的性格本来就有点孤僻,谁都不知道老太太什么时候会突然回来收拾自己的房子。

又过了好几个月,老太太的房子还是没有卖出去。在这段日子,洁净老太太还真的一次也没有回来看过自己的房子。老太太家的院子一改原本一尘不染的面目,早已长满了野菊花、艾蒿和杂草。

"走,我们进去看一看!"

我们终于决定进去看看,留下一个望风的,其他人便翻过围墙跳进老太太家的院子里。

"哇,这里有蜗牛!"

站在我身后的一个小伙伴像是发现了宝贝似的,大声嚷嚷道。除了蜗牛以外,洁净老太太家的院子里还有好多好多的小虫子。你看,欢蹦乱跳的蚂蚱、嬉戏花草的蝴蝶,还有咀嚼草叶的甲壳虫……这里简直成了昆虫的乐园。

"哇,哪来的这么多小虫子?"

"我家院子里可没有这么多的小虫子呀!"

我们喜欢上了洁净老太太的房子。从那天起,我们约好天天到这里来玩耍。

一年过去了,洁净老太太的房子仍然没有卖出去。这对我们来说是再好不过的事情。我们为拥有这么好的秘密活动场所而高兴。

然而,好景不长,突然有一天,我们看到有一个人来到洁净老太太家里看房子。原来是刚刚调到我们学校的一位老师。我们大家躲在洁净老太太家的院墙底下,偷听了老师和房产中介商的谈话。

"这所房子很好,我决定买下来了。"

"好,我马上给您办理购房手续。不过,铲除院子里的杂草需要一些时间,请再等两天好吗?"

"什么,铲除杂草?不不,我看中的正是这个院子和这些杂草。我教的是自然课,我要的也正是这样的自然课教室。你看见没有,这里有甲壳虫,有青蛙,还有蜗牛和蝴蝶。我要把孩子们领到这里来上课。"

听到老师的这句话,我们"哇"的一声从围墙底下跳出来,欢呼雀跃地拥到了老师身边。中介商叔叔和自然课老师被我们的欢呼声吓一跳,惊讶地瞅着我们这群小家伙。

你 想 种 植 花 园 吗?

种植花园等于给各种小昆虫盖一座房子,也等于给它们提供丰盛的饮食。

什么,你更喜欢养一片草坪?养草坪可要费很多的工夫,既要经常修剪,又要天天浇水。还有,养草坪只能种植一个草种。好好考虑一下,只种一种草而放弃别的很多种花草,这样划算吗?

如果你执意要种植草坪,那也可以。但要记住,种植草坪千万不要使用除草剂,一定要亲手摘除草坪里的杂草。更不要喷洒烈性农药,有害虫要亲手去抓。喷洒农药会毒死蚯蚓、甲壳虫、蚂蚱等动物,还会污染土壤。

地 球 生 物 知 多 少?

地球上生存着大约3000万种生物,其中我们人类探明的生物只有140多万种。如果人类破坏生物赖以生存的自然环境,那么很多物种很快就会灭绝。

如果一种生物灭绝了,还会引起一系列的连锁反应。也就是说,随着一种生物的灭绝，与之共同生存的生物也会跟着消失，就像我们喷洒农药杀死花园里所有的小虫子，专门吃小虫子的鸟儿就不再光临花园一样。

从我做起，保护我们身边的生物吧

别看我们还是小孩子，但是我们也完全可以保护我们周围的生物，可以从身边的小事做起。

家里要是有院子，最好不要用水泥来铺盖院子里的土壤，因为那一片土壤会成为很多生物的家园。

要是种植花园，就多种一些家乡的花草吧。

千万不要喷洒杀虫剂和除草剂。

多食用无公害的绿色农产品，尽管有时它们的模样长得难看一些。

到山上最好不要采摘野果，因为如果我们把野果采光了，动物就会饿肚子的。

从我做起，不穿用动物皮毛制作的衣服。

不断增长的世界人口

好好奶奶送给小白兔的礼物

我们村的好好奶奶养着一只宠物小白兔。那虽然只是一只普通的小白兔，但在好好奶奶心目中，它却是掌上明珠。因为小白兔曾经救过好好奶奶的命呢。有一天半夜，好好奶奶突然发高烧晕了过去，聪明的小白兔立刻跑到隔壁的壮壮叔叔家里，叫醒睡梦中的壮壮叔叔来救奶奶。就这样，好好奶奶得救了。好好奶奶为了报答小白兔的救命之恩，打算送小白兔一份厚礼。

"小白兔呀！奶奶这一辈子也没有攒下多少财产，只有后山上的那片老槐树山坡。现在我把那个山坡送给你，你到那里可以想吃草就吃草，想挖洞就挖洞，过自由自在的日子。"

小白兔高高兴兴地接受了好好奶奶的礼物，挎着好好奶奶为它包好的饭菜上了路。正当小白兔唱着歌儿蹦蹦跳跳地朝后山老槐树山坡去的时候，它碰见了同村的好朋友小黑兔。

"小白兔呀！看你高兴的样子，有什么好事？你要去哪里？"

"好好奶奶把后山的老槐树山坡当作礼物送给了我，我正要上那里去呢，听奶奶说那里有很多香甜可口的野菜。"

"哇，好羡慕你哟！到那里有吃的，有住的，自由自在，该多好呀！不过，就你自己去吗？能不能带上我，让我给你做个伴？"

听到小黑兔的恳求,小白兔马上答应下来:

"好,咱们一起去,到那里共同建设一个漂亮的兔子农场。"

小白兔和小黑兔手挽手、肩并肩地朝老槐树山坡走去。当它们走到村口的时候,又碰见了村口小豆豆家的小家兔。小家兔亲切地向小白兔和小黑兔打招呼:

"你们好!你们俩这是上哪去呀?"

"到老槐树山坡去建设兔子农场,往后我们要自己过日子啦!"

"哇!多好啊!小白兔呀,我们一家五口跟你一起去山坡行不行?我们会帮助你建设兔子农场的。"

"好哇,好哇!快跟上我们。"

7只兔子刚走到山脚下,又碰见了10只山兔子。不料10只山兔子也恳求小白兔带上它们,善良的小白兔笑容满面地答应了。

"我们的队伍已经壮大到17只了,我再不怕寂寞啦!"

后来,小白兔又碰见了很多的山兔子,它们都要求跟小白兔一起上山开垦兔子农场。小白兔的队伍不知不觉扩大到了1000多只。

看到这么多的朋友,小白兔心里想:

"俗话说多一个朋友多一条路。这么多的朋友一起生活和劳动,日子肯定会红火的。大家互帮互助,共同播种,收获肯定会不小的。哈哈,我要跟它们一起建设一个美丽的兔子农场!"

小白兔率领大家浩浩荡荡地开进了老槐树山坡。好好奶奶说得一点也没错,那里果然有漫山遍野的野菜。

"来,大家一路上都累了,咱们先尝一尝这里的野菜,等填饱了肚子再干活吧!"

小白兔一声令下,1000多只兔子开始在山坡上吃起了野菜。一会儿工夫,老槐树山坡上原先的一块绿地露出了黄色的泥土。

照这样下去,好好奶奶送给我的整个山坡非要变成荒山野岭不可。小白兔急得连忙喊道：

"好啦,好啦!吃得差不多就行啦!再这么吃下去,兔子农场还没建成,这座山坡就要变成光秃秃的荒地了。"

听到小白兔的喊声,兔子们才停下来。

"大家吃饱了就开始挖洞,建造各自的安乐窝!"

1000多只兔子重新散开,在山坡上挖起了各自的洞穴。一袋烟的工夫,山坡上又出现了1000多个大大小小的洞穴。在不到一天的时间内,原本绿油油的山坡变得千疮百孔、伤痕累累。小白兔傻眼了。

"这可怎么办呀?美丽的绿色山坡一下子变成了黄土满坡的荒山。咳,真后悔,当初不应该带这么多的伙伴来!"

面对山坡上熙熙攘攘的1000多只兔子,小白兔后悔莫及、不知所措。

你听说过"人满为患"一词吗?

世界人口正在以每秒3个人的速度增长。根据联合国教科文组织的预测,到20世纪50年代,世界人口将达到94亿!人口增多,资源消耗也就随之增长。

婴儿出生率最高的地方往往是非洲、中东、印度等发展中国家。越是贫穷的地区婴儿的死亡率越高,所以那里的人们考虑到婴儿的死亡因素,常会生更多的孩子。当这些孩子还没有长大成人,大人就把他们送到工厂、农村去干活挣钱。但即使是这样,贫穷还是没有离开他们。

有些国家重男轻女的思想很严重,人们为了得到一个男孩一而再、再而三地生育孩子,使世界人口不断地增长。如果我们消除重男轻女的思想,树立男女平等的观念,就能或多或少地控制世界人口的增长速度。

地球已经不堪重负了

人口增长得越快,地球上自然环境变化也就越快,有限的自然资源枯竭得也就越早。因为人们要砍伐树林盖房子,开垦山川种庄稼,开采地下石油和煤炭用于生活和生产。所有这一切都以消耗自然资源为代价,而人类对自然资源的大量开采和挖掘也就意味着对自然环境的破坏。

无止境的人口增长早晚会使有限的自然资源趋于枯竭,我们的生存环境将面临一场空前的危机。

保护地球的办法有两种:一是控制世界人口的增长,使之保持适当的速度;二是节约能源,有效利用资源,同时积极开发替代能源和替代资源,保持现有的自然环境和生态平衡。

世界上还有很多饥寒交迫的小朋友们

小朋友们,你们算过全世界人每天要吃掉多少食物吗?这是一个令人吃惊的数字,有科学家说,随着生态环境的变化,地球上的耕地面积越来越少,淡水资源接近枯竭,地球将面临世界性的饥荒。也有科学家乐观地认为,随着科学技术的发展,人类完全可以利用高科技食品解决粮食不足的难题。

目前,世界上还有足够人类吃饱肚子的食物。但问题是这些食物在世界各地分布得极不均匀。非洲很多贫穷的国家至今还有不少人吃不饱,婴儿被饿死的现象也屡见不鲜。埃塞俄比亚是非洲众多的贫穷国家之一,尽管他们为了农业的增产增收付出了很大的努力,可因为没能有效地控制人口的增长,人们的努力付诸东流,贫苦的国民至今仍然吃不饱,生活在水深火热之中。

绿色都市

小灰鼠设计的绿色社区

两年前,小灰鼠一家搬到我们社区的三层住宅楼里。它虽然是一只小耗子,但它既聪明又有礼貌,所以很受大家的喜爱。

星期天,小灰鼠坐在窗户边,默默地望着窗外。窗外的大街小巷仍然是人来人往,车水马龙,嘈杂不堪。

"哎呀,真是烦死人啦!"

小灰鼠实在是不喜欢窗外枯燥乏味的风景。可不是吗?无论季节怎么变换,窗外总是一个样子,没有绿色的春意,也没有金黄的秋色。只有零星竖在马路边的街树摇着干枯的树枝和零散的树叶,告诉人们春夏秋冬的变换,马路那边正在修建十几层高的住宅楼群。去年的时候,那里还是被人们称为药水洞的矿泉水发源地,可今天,那眼甘甜的泉水,被人们填平了,山坡上的树木也被房屋开发商砍光了,到处都是隆隆的机器声和成堆的建筑垃圾。

"药水洞旁边的棚屋区被拆除了,住在棚屋里的小铃铛上哪去了呢?"

小灰鼠突然想起了自己的好朋友小铃铛。小铃铛的爸爸为了找工作,从乡下来到了这座城里。可是他找不着工作,只得领着一家三口在药水洞旁边盖起简易的板棚,暂时住在那里。小灰鼠还记着小铃铛说的那句伤心的话:"天天盖这么多的房子,可为什么没有我的房子呢?"

超市前面，一位大妈和一位大婶正在吵架。仔细一看，原来是身材肥胖的超市大婶正唾沫四溅地指着一个大妈的鼻子叫骂，而围观的人们却谁都不去劝架，全在看热闹。在小灰鼠眼里，这又是一个大煞风景的场面。

小灰鼠家的日子过得比以前宽绰多了。搬进新居以后，沙发换了真皮的，电视机换了大屏幕的，冰箱也换了进口的。但是，爸爸妈妈生怕比邻居家少了什么，买了又买，换了又换，家里的东西已经没有地方放了。

小灰鼠突然离开窗边，拿来一张纸，在上面画起了自己理想中的小社区。

在小灰鼠的画中，对面的建筑工地变成了郁郁葱葱的松树林，林中流淌着清澈的泉水，人们坐在泉水旁悠闲自在地聊着天。

"对，一到夜晚还要到山坡上去看天上的星星!"

小灰鼠越画越兴奋，展开想象的翅膀，在图纸上画下了美丽的山城小社区。小区的街道蜿蜒曲折，街道两旁竖立着枝繁叶茂的柞树，柞树后面坐落着一排排三层小楼房。

"街道蜿蜒曲折可以限制车辆高速行驶，以免发生交通事故。"

在剩下的空间里，小灰鼠又画上了黄花盛开的油菜园和硕果累累的果园。

最后，小灰鼠在画的上方写下了"绿色小区"几个字。小灰鼠拿着自己画好的小区设计图来到二楼的白胡子爷爷家，得意地递到爷爷的面前。

"爷爷您看，这是我画的!"

"呵，我们的小灰鼠还能画画?来，让爷爷看一看。"

爷爷戴上老花镜，仔细地看了看小灰鼠画的设计图。白胡子爷爷露出满意的表情，连连点头说道：

"嗯，不错。小灰鼠设计出了我们的绿色社区，好极啦!不过，我们什么时候才能生活在这样美丽的社区呢?"

爷爷的赞扬给了小灰鼠极大的鼓舞。小灰鼠当即又在画中的楼房上写下了自己朋友的姓名。红色屋顶的房子是小铃铛的，黄色屋顶的是白胡子爷爷的，绿色屋顶的是我的家。

是啊，我们大家和睦相处，无忧无虑地生活在绿色社区，该有多好呀!

滚滚人潮涌入都市

日常生活必需的设施和物品在都市中应有尽有,所以生活在都市的确比在乡下方便得多。因此,人们不断地涌向都市。从农村搬入小城市,从小城市又迁移到大城市。人们进城的理由也是五花八门:有为了子女的教育而进城的,有为了寻找工作而进城的,也有为了自己的事业而进城的……然而,滚滚人潮涌入都市,使都市的规模越来越大,都市的烦恼也随之增加。在世界各地,人们对于人口超过1000万的都市已经是司空见惯。

日益膨胀的都市规模会带来什么后果呢?

人们不断地扩大都市的规模,就不可避免地占用大片的森林和农田。因为人们要在那里修建高楼大厦和各种城市设施。

大都市里聚集着成千上万的人口,这么多人生活在一起会产生什么样的后果呢?首先,由于种种原因人和人之间的矛盾不断增加,争吵接连不断;其次,能源消耗大得惊人,城市道路经常堵塞。更令人担忧的是,大量的城市垃圾和严重的大气污染直接威胁着人们的健康。

物质万能的大城市与孤独的城市人

大城市无时无刻不在刺激着人们永无止境的消费心理。有人出于攀比心理,人家买什么他就买什么;有人顶不住电视广告的诱惑,盲目购买广告中的商品。

大城市里虽然聚集着成千上万的人口,可是人和人之间的关系越来越冷漠,能够以心交心、真诚相待的人越来越少。在物质万能、金钱支配一切的城市里,利欲熏心的人越来越多。在乡村,人人把别人的事情当做自己的事情来做;可在大城市里,很难看到像乡村那样亲密无间的气氛。

贫民区的人们

不管是发达国家,还是发展中国家,凡是大城市就有贫民区。在贫民区里生活的,都是无家可归、无依无靠的处于贫困中的人们。

世界上最发达的美国有这一类贫民,发展中国家如印度和菲律宾也有这一类贫民。这些人生活的地方叫做贫民区或贫民窟。那里环境恶劣,没有安逸的居住地,没有清洁的饮用水,更没有能够接受良好教育的学校。

在同一座城市里,如果有的人过着奢侈豪华的生活,而有的人却过着饥寒交迫的生活,那么会导致什么样的后果呢?

节 约 就 是 财 富

发 生 在 废 旧 物 品 街 的 故 事

小朋友们,你们有没有去过低矮的旧楼房后院的小胡同?人们常常把废旧物品遗弃在那里,我们习惯称那里为废旧物品街。那里有用布做成的小兔子玩具,有蒙上一层灰尘的旧电子游戏机,还有被废弃了两三年的老式书桌。这些都是遭到主人遗弃的废旧物品。

别看它们平时总是默默无言地待在那里,可一到皓月当空的夜晚,它们就站起来串门,互相诉说自己的不幸。

一天夜晚,在皎洁的月光下,这些废旧物品悄悄地站起来,又开始串起门来。你看,那垂头丧气走过来的浑身脏兮兮的是布料小熊玩具,支起上身观察周围动静的是掉了一只耳朵的小兔子玩具,瞎了一只眼睛的电子游戏机默默地看着来回走动的朋友们。

"你好,小兔子!别来无恙?看来你也和我一样,还没有被主人领回去呀!"

"可不是吗?天天坐在这里打发无聊的日子,真是愁死我了。你说,我们将来会怎么样?主人到底会不会来这里领我们回家?"

听到它们的对话,电子游戏机愤愤地说道:

"哼,你们还在留恋那些没心没肺的主人?人类都一个样,喜新厌旧是他们的本性。一旦拥有新东西,他们就会毫不留恋地把我们扔进垃圾桶里。"

电子游戏机的眼前不禁浮现出了主人家的孩子,那是一个可乐瓶不离嘴的小孩子。也不知道小家伙哪来那么多钱,天天买新的玩具。只要百货商场一有新玩具,他就毫不犹豫地买回来,把之前刚买了没几天的崭新玩具就像扔破麻布似的扔进垃圾箱里。

"你们放心吧,总会有人心疼我们的。我们来到这个世界,不就是为了讨人们的喜欢吗?不要灰心丧气,我想早晚会有人领我们回家的。"

旧书桌哽咽着说道。

这时,小熊玩具嘟囔着:

"我的主人平时倒像是很节俭的人,就连洗刷碗筷也都使用再生洗涤剂。可那又有什么用呢?一旦买来新物品,他就毫不留恋地扔掉旧东西。'咱们家里不差这一点东西!'这是我主人的口头禅。仅新购置的布料玩具,就有满满一屋子。在那样的地方,还能有我的位置?"

"真不如把我们送到物品回收站,好让我们得以再生。"

"是啊,哪怕把我们送给穷人家的孩子也比扔在这里强呀!"

后院胡同的废旧物品朋友们你一言我一语地交流着各自的想法。

突然,从胡同深处传来了异样的响声,大家立刻回到了原位。

从胡同深处走来一只上了岁数的宠物狗。

宠物狗眼里噙着泪水向大家说道:

"我被主人遗弃了。从今天起,我是只无家可归的流浪狗了。"

"嘻,我们都和你一样无家可归。"

电子游戏机长叹一声说道。

这些可怜的朋友们重新围坐在一起聊起来。

到了凌晨4点,宠物狗忽然想起了什么,对大家说道:

"我想起来了,我在流浪街头时,曾见到一些需要你们这些废旧物品的人们。要不,等天亮以后我领你们过去见那些人怎么样?"

"真的?你不会骗我们吧?"

大家都瞪大眼睛望着宠物狗。

第二天,年老的宠物狗不辞辛苦地将这里的废旧物品兄弟一个个介绍给新的主人。

小熊玩具遇上了4岁的小主人,小兔子玩具被送到6岁的小女孩手里,电子游戏机归属于一个贫穷的少年,旧书桌到一位大嫂家成了放电视机的桌子。

看到自己的朋友一个个地找到了新主人,上了岁数的宠物狗心里乐开了花。

不要被电视广告所诱惑

机器人、卡通人物、电子游戏机,还有用塑料制成的乐高组合玩具等等,电视广告包罗万象,五彩缤纷,极大地刺激着消费者的购物欲望。

电视广告不仅仅诱惑小朋友们,也诱惑成年人疯狂购物。很多物品完全可以继续使用,可在广告的诱惑下人们又去购置新款式或新品种。当然,对小朋友们来说,谁都想拥有越来越多的新玩具。可是你们知道吗,地球上的资源无法满足小朋友们对玩具的无止境的要求。因为开发和生产一种新的玩具,要消耗很多地球上有限的自然资源。

请小朋友们在购物之前要好好想想:这个物品是不是必需的?它是不是坚固耐用?千万不要轻信电视广告而盲目地买东西。

如何处理我们的生活垃圾?

一般情况下,都市的生活垃圾都要被送往垃圾处理场。目前的垃圾处理方法大体上有两种:一是地下填埋,二是用火焚烧。

如果将垃圾埋在地下,那么该地区将在很长时间内散发出难闻的气味,也容易滋生新的有害物。如果下雨,那些没有完全被掩埋的垃圾有可能顺水流入江河湖泊之中,污染淡水资源;即使是深埋在地下的垃圾也有可能污染地下水。如果将垃圾焚烧处理,又会释放大量的有害气体,危及人们的健康。所以,人们都不愿意将垃圾场设在自己生活的区域。

请用蔬菜垃圾来培育我们的花坛

小朋友们,如果你们住在楼房里,不妨试着在阳台上培育花坛。

以前我们将土豆皮、西瓜皮、白菜叶、苹果皮等看作垃圾扔到垃圾箱里。现在,我们可以变废为宝,利用它们来培育我们的花坛。先把这些蔬菜垃圾切成碎片,然后掺上一些砂土装入密封的塑料罐里。几天以后,装在塑料罐里的砂土和蔬菜垃圾就会变成植物最喜欢的有机肥料。最后把它埋在花坛的土壤中,花坛里的花卉和草木肯定会苗壮成长。

只有拥有变废为宝的智慧的人,才能成为21世纪的主人。小朋友们,你们都将成为21世纪的主人,你们有没有学会这套本领?如果还没有,那么现在还不晚,赶快去实践吧!

日趋枯竭的地球能源

以后的事情以后再说

几天来,围绕着总统大选,整个糊涂国热闹非凡。全国各大报纸和电视台大力报道几位总统候选人的活动情况。其中有一位名叫大方的候选人竟然向全国的老百姓承诺,如果自己当选总统,首先要让所有的国民到国外去旅行一个月。

看到这条电视新闻,得过且过总统候选人立刻召集自己的智囊团:

"为了收买人心,大方候选人竟然想出这么一个鬼主意!我命令你们赶快给我拿出更好的方案,来打败大方候选人的这一招!一定要赶快拿出方案,必须抢在大方候选人之前付诸实施!"

得过且过候选人一声令下,智囊团成员们围坐在一起,你一言,我一语,开始研究对付大方候选人的方法。

"我们把所有国民统统送到国外去,让他们周游世界玩个够!"

"仅仅周游世界是不够的。道高一尺,魔高一丈。我们一定要高出他们一筹!干脆我们把国民送到宇宙去,让他们来一次宇宙旅行!"

智囊团成员们怎么也想不出比大方候选人更高明的计策来。这时,一直默默地坐在一旁的草率先生提出了一条建议:

"我们想要收买人心,首先要做到投其所好。想想看,国民眼下最需要的是什么?不就是方便吗?他们在衣食住行上都需要方便。所以,我认为必须拿出方便国民生活的某种办法!"

"好,草率先生的这个建议不错!我看这么着吧。现在国内的石油、煤炭、电力等能源供应很紧张,我们就把这些东西廉价提供给国民,让他们随意使用汽车、空调、电视等耗能产品。这样,我们肯定会赢得大多数国民的选票!"

"对,这个主意太好啦!"

第二天,得过且过候选人向国民立下了一个新的承诺:一切为了国民的方便!给国民提供廉价的能源!

这个承诺一公布,国民对得过且过候选人的支持率直线上升,得过且过候选人在总统竞选中一下子占了上风。

大选前一天,糊涂国电视台的记者来到得过且过候选人的办公室,对他进行了独家专访。

"得过且过先生!您有没有其他承诺,进一步方便国民的生活呢?"

"当然有!现在我们正在开发能够帮助家庭妇女从事家务劳动的新型机器人。它是以电气为动力的机器人。"

"可是,如果我们现在肆意使用石油、煤炭、电气等能源,我们糊涂国的能源很快就会枯竭的。"

"不要为此担心。现在的能源足够我们这代使用!"

"我们把现有的能源都使用完了,我们的下一代怎么办呢?"

"嘿嘿,以后的事情以后再说。我们培养了这么多的科学家,他们会为下一代研制出新的替代能源的。这些事就不用我们来操心了。"

"噢,原来是这样!好的,我衷心祝愿您早日当上总统!"

记者对得过且过先生"以后的事情以后再说"的观点非常赞赏,在电视上做了大量的报道。谁都难以预测明天的事情,干吗还要考虑未来呢?今朝有酒今朝醉、得过且过不就是当今人们的生活观念吗?

得过且过候选人终于当选为糊涂国的总统,按照自己事先的承诺,当即放开能源供应,向国民廉价提供国内所有的能源。提出这一建议的草率先生也因此获得了总统勋章。

我的故事讲完了。小朋友们想一想,得过且过先生"以后的事情以后再说"的观点正确吗?如果糊涂国按照得过且过总统的这一观点发展下去,会有什么样的结果呢?

到 2040 年地球上的石油将会枯竭

我们现在使用的能源主要来自石油、煤炭、天然气等地下资源。我们使用的电就是靠消耗这些地下资源得到的,我们的工厂也是利用这些资源来运行的。这种经过几十万年才形成的资源叫做化石燃料。化石燃料属不可再生资源。如果使用完了,只能再等几十万年。国际能源组织曾经对地球上的石油资源作过预测,认为如果按照现在的速度开采下去,到2040年地球上的石油资源将彻底枯竭。如果石油供应中断了,下一步该怎么办呢?

化石燃料——污染大气的元凶

我们平时经常能看到汽车排出的尾气和烟囱冒出的黑烟。这些气体就是石油和煤炭在燃烧时排放出来的。这些气体中所含的二氧化碳是有毒气体。如果空气中二氧化碳的含量增加,地球的温度就会立刻上升,出现危险的温室效应。二氧化碳还会跟空气中的水蒸气混合在一起,形成对生物生长危害极大的酸雨。

目前,科学家正在研制开发既不危害生物,同时又可以长期使用的新的替代能源。

取之不尽、用之不竭的替代能源

南美洲的巴西研究出了从甘蔗里提取甲醇的办法,他们用甲醇代替汽油作为汽车燃料。实际上,我们的周边有很多平时不怎么被重视的替代能源。例如利用自然风的风力发电、利用潮水落差的潮汐发电、利用太阳的热量发电的太阳能发电等,风力、潮汐和太阳能都属于替代能源。由于它们不像地下的石油那样集中,所以人们利用起来并不十分方便。但是,如果我们想办法把它们集中在一起,或者把这些能源储存起来,它们不就成了取之不尽、用之不竭的替代能源了吗?

节省能源,人人有责

我们总不能给子孙后代留下一个没有资源、没有食物的空荡荡的地球呀!保护资源、节省能源,是我们大家共同的责任,让我们每个人从自我做起吧。

及时关掉电灯和电视机,否则它们将时刻消耗大量的电能。

少乘小汽车,多乘公共汽车、地铁等大众交通工具。

如果住在楼房的二三层,最好不要乘电梯上下。爬楼梯,既节省能源又锻炼身体。

冬季多穿两件衣服,不用空调等取暖设备,就可以节省用于供暖的能源。

注意节约热水,因为烧热水也需要消耗能源。

尽量少开冰箱门,因为每开一次冰箱门就要多耗费一定量的电,而多供应这一部分电就要多燃烧相当数量的燃料。

人 类 的 天 敌 —— 疾 病

病 毒 对 人 类 的 挑 战

嘿嘿!猫头鹰小子这会儿肯定是患上了重感冒,躺在家里痛苦得死去活来的!猫头鹰这小子真自不量力,竟敢扬言要打败我这个无孔不入的感冒病毒,还不分昼夜地搞什么研究呢!你说,它那呆头呆脑的样子能打败我这个机灵的感冒病毒吗?真是的!不过,我得赶紧到微生物国去找鼠疫爷爷。听了我的汇报,鼠疫爷爷肯定会高兴的。

我生活的微生物国是一个非常微小的国家,是只能用电子显微镜才能看到的国家。病毒、细菌、寄生虫等都是我们的家族成员。

你看,前面的那个村庄就是我们生活的微生物国。

"鼠疫爷爷,鼠疫爷爷!"

"哦,这不是感冒病毒吗?"

"鼠疫爷爷,告诉你一个好消息!我今天狠狠地教训了一下想要打我坏主意的猫头鹰小子。我保证那个小子再也不敢打我的坏主意了。"

"嘿嘿,好样的!我们的感冒病毒真是了不起呀!"

听到鼠疫爷爷的赞扬,我高兴得简直合不上嘴了。鼠疫爷爷是我们国家最大的英雄,因为他老人家曾经给人类带去巨大的灾难。

"我说感冒病毒呀,不要因为战胜了一只猫头鹰就骄傲自满。还要进一步武装自己,不能粗心大意。只要我们稍微放松,就会落得个大肠菌157

的下场。明白吗?”

我这才发现大肠菌157兄弟垂头丧气地坐在墙角下。它是我们家族里不可一世的勇士。可是,今天早晨还耀武扬威、扬言要好好捉弄一下人类的大肠菌157不知为什么突然变成了这个样子。

“大肠菌157,你怎么这么快就回来了呢?”

“喀,别提啦!现在的人们可不像过去那么愚蠢了。当我刚刚钻进汉堡包里做完攻击准备的时候,不知怎么被发现了,人们立刻收回所有的汉堡包,我的作战方案遭到了惨败!我差一点被他们弄死了。”

“你说得也没错。现在可不是鼠疫爷爷风靡一时、撂倒一大片人类的那个时代喽。”

这时,大肠菌157身边的流感病毒A站了起来。它是一个生活在鸡鸭粪便里的病毒,也是我们家族的一员猛将。然而,这个流感病毒A兄弟此时也露出无精打采的样子。

“怎么,你也被他们撵回来了了?”

“还有什么办法不被他们撵回来呢?他们已经知道了我们的兄弟潜伏在鸡鸭的粪便里面,当我到达那里的时候,他们已经杀死了4500多只鸡鸭!我们真的没有想到他们竟然把那么多的鸡鸭一次性全部杀死!我看这几天风声特别紧,只要我们稍有动静,他们就提前毁掉我们的活动场所。被你折腾的那只猫头鹰看来是一个没人管的家伙!”

看到我们兄弟几个都对人类采取的措施束手无策,鼠疫爷爷站起来讲了一番话,鼓起了我们的勇气。

“细菌世界的病毒朋友们!时代在变化,我们的战略战术也要随着时代的变化而改变。虽说我们是很小的细菌家族,可我们在人类的活动圈里威风显赫,令人闻风丧胆。尽管眼下碰到了一点麻烦,但我们和人类的战争并没有就此结束。从今天起,我们都要改换面孔,以新的面目、新的形式向人类发起新的挑战!”

"哇!哇!哇!"

"听着!现在开始大家都要改换自己的面孔。战争的胜负取决于我们如何巧妙地伪装自己。"

鼠疫爷爷一声令下,我们大家开始动手改变自己的模样。什么?我们改变成什么模样?嘘,这可不能告诉你,这是我们的秘密!

人类口口声声说要征服我们,可是如果我们天天改换面孔,人类能够发现我们吗?如果人类发现不了我们,征服又从何谈起?

现在还有很多人死于传染病

据统计,1997年全世界人口死亡的首要原因就是传染病。当然,在我们这里,随着科学技术的发展和卫生条件的改善,死于传染病的人已经很少了。但是,在非洲、印度、东南亚等落后地区和国家还有很多人死于传染病。在那里,霍乱、伤寒、疟疾等传染病仍然在蔓延,而落后的卫生条件又使人们对肆虐的传染病束手无策。

根除病源,预防传染病病毒的传播

传染病是通过病毒、细菌、寄生虫等传播的。这些东西非常微小,肉眼根本看不见。为了有效地预防传染病毒的传播,科学家研制出了抵抗病毒的疫苗。此外,人们还积极清理有可能诱发传染病病毒的环境,以控制病毒的传播。韩国曾经一次性收回大量含有大肠菌157的汉堡包,泰国也曾一次性杀死数以万计有可能传播禽流感的鸡鸭。

没 有 结 束 的 战 争

在世间万物中,人类总以为自己最能适应环境。事实上,微生物的适应能力要比人类强好几倍。随着地球变暖、生态环境遭到破坏,新的微生物不断出现。尽管人类在孜孜不倦地研制能抑制传染性病毒的药物,但同时微生物世界也在不断地生成耐药物、抗疫苗的新病毒。令人担忧的是,我们身体的抵抗力越来越差,在新的病毒面前常常束手无策。人类至今还没有查出引发非典型性肺炎、禽流感等传染病的病毒,防治这些病毒更是无从谈起。

切 勿 滥 用 药 物

小朋友们,你们可千万不要轻信电视广告而滥用药物。不管是什么药物,经常服用都容易使人体产生对药物的依赖性,迫使人们加大剂量或服用毒性更大的药物。

现在我们身边有很多人过多地服用抗生素之类的药物。如果人们服用过多的抗生素,人体内自然会产生适应抗生素的更顽强的病菌,从而使原来的抗生素失去威力,迫使人们服用毒性更大的药物。如此恶性循环下去,人的身体状况将受到严重的威胁,寿命就会大大缩短。所以,小朋友们千万不要滥用药物。如果生病了,一定要在医生的指导下,慎重地服用指定的药物。

噪声也是公害

巧施妙计调走小白兔

哈哈,活该!娇气十足的白兔小姐终于被我打发走了。嘿嘿,还是我高明呀!

事情要从几天前说起。白兔小姐刚刚搬到我家隔壁的那天晚上,我正在兴致勃勃地看电视,白兔小姐推开我的房门,毫不客气地对我说:"这都几点啦,还不睡觉!半夜三更看电视,叫别人怎么睡觉啊?你们老师是怎么教你们的,怎么一点礼貌都不懂呢?赶快关掉电视,让大家可以好好睡觉!"

怎么,刚刚搬过来就跟我要厉害了?新来的怎么也得给老住户留点面子呀!我越想越来气,连夜制订了一个作战计划,代号是"巧施妙计调走小白兔"。

经过几天的观察,我发现白兔小姐有一个怪僻:孩子们稍微吵闹,它就嚷嚷个没完,甚至天上传来呼呼的风声它都受不了。好,白兔小姐的弱点就在这儿:稍有噪声它就承受不住!我要利用噪声将这个娇生惯养的白兔小姐打发走!

第一个进攻武器是电子游戏机的噪声。

哒哒哒!轰隆隆!嘟嘟嘟!

不同的游戏节目都有不同的伴音,而且随着游戏中的打斗越来越激烈,伴音就越来越刺耳。白兔小姐一再要求我放低音量,可我装作没听见,索性锁上房门放大音量继续玩我的电子游戏。

白兔小姐无奈地回到了自己的房间里。从那以后,我发现白兔小姐越来越烦躁不安,面容消瘦。它还说自己的胃口越来越差,消化也不如以前。听了这些,我心里暗暗高兴:好,继续进行下一步作战方案。第二个进攻武器是唆使邻居小熊修缮房屋。

叮叮咚咚的铁锤声、轰隆隆的搅拌机声、哗啦啦的装卸声,还有卡车的轰鸣声,再加上从我家传出的嘈杂的音乐声、电子游戏的伴音声,整个楼房简直要被噪声炸开了。

"求求你们啦!能不能让我安静一会儿?我要精神错乱啦!"

白兔小姐忍无可忍,大叫了一声。当它打开房门要去找小熊理论的时候,我拦住了它。

"白兔小姐,你还是忍一忍吧!别人要修缮自己的房屋,作为邻居还有什么好说的?"

随着小熊家装修噪声的增大,白兔小姐时常感到头痛耳鸣,它吃不好睡不香,原本胖乎乎的身体一下子变成皮包骨头。

看到白兔小姐这副模样,我觉得时机已到,便开始实施第三步作战方案。

一天,我来到白兔小姐的房间里,旁敲侧击地刺激它。

"你也太娇气了。这么一点声音算得了什么?你说楼上施工的声音搅得你吃不香睡不好,如果楼上施工的人听到你的话,他们的心里会好受吗?"

"可是,可是这有点太过分了……"

白兔小姐神志模糊,连话都说不清楚了。看到白兔小姐的精神濒临崩溃,我使出了最后一计。

"今天我看了报纸,报纸上说最近要在我们这一带修建一座机场。与飞机的噪声相比,现在这点声音根本算不了什么。"

"啊?好啦,好啦!你别再说了!"

白兔小姐简直要晕过去了。白兔不是没有听过飞机的噪声,那声音才是真正的震耳欲聋。

当天下午，白兔小姐就收拾行李搬出了我们楼。

我的作战方案大获成功！

尽管白兔小姐离开了这儿，可我的身体却出现了异常现象。好像是患了感冒似的，我经常头痛脑热，两耳不时地听到嗡嗡的响声，大白天也打不起精神来。这到底是怎么回事？

小朋友们，请你们告诉我，我到底得了什么病？

噪声也可以破坏环境

给我们的生活带来危害的声音叫做噪声。你听，城里的噪声可真是多种多样，汽车的引擎声、工地的机器声、广告喇叭声……简直无法忍受。可是，我们城里的小朋友们也许对这些噪声习以为常，已经不觉得它们污染环境了。

噪声到底有多厉害，科学家曾用一只老鼠做过一个小实验。生活在噪声世界里的老鼠因噪声引发精神错乱，竟然吃掉了自己的小崽子。几天以后它便死于心脏停搏。

常听嘈杂的音乐会影响我们的听觉

如果小朋友们经常身处嘈杂的环境里，那么请你们常到医院检查自己的听力。

听力指的是用耳朵听辨各种声音的能力。声音的大小用分贝来表示。卡车奔跑时发出的声音为90分贝。如果长时间生活在90分贝以上的噪声中，人们的消化功能和听觉都会受到破坏。

在美国,当嘈杂的摇滚音乐流行的时候,曾有一大批青少年的听力不同程度地下降。

啊,声音可以打碎玻璃杯!

一声非常锐利的尖叫足以打碎一只完好无损的玻璃杯。如果女高音歌剧演员对着玻璃杯尖叫一声,玻璃杯有可能立刻炸裂。

如果小朋友们对着玻璃杯大声喊叫,就会发现玻璃杯会发出很大的颤音。声音越大,其颤音也就越大。当发出的声音大到一定程度时,玻璃杯就承受不住声音的撞击而炸裂。

不过小朋友们可不要做这种尝试。因为你们的声音远没有达到足以打碎玻璃杯的程度!

害人的劣质食品

小麻雀的智慧

一只小麻雀落在工地上的一根钢筋上面。这时,一辆大型卡车停在了小麻雀前面。哇,今天是星期天,人们还在干活呀!

"快点,还不赶快把这些东西卸下来!"

卡车上的叔叔们嘴里嘟囔着什么,将车上的一只只大箱子卸了下来。小麻雀用惊讶的目光静静地看着叔叔们的异常举动。

"哎呀,真是可惜呀!要不是碰上严打伪劣食品活动,这些食品还能卖出个好价钱……"

哇,原来他们是制造出售伪劣食品的不法分子呀!为了躲避相关部门的惩罚,他们瞒着检查人员,竟然把这些伪劣食品偷偷地扔在工地上。

卡车开走后,小麻雀飞到箱子上,仔细观察箱子里的东西。

"哇,里面全都是贴有名牌商标的食品啊!泡泡糖、糖果、巧克力饼干、火腿肠、汉堡包……"

看到这些劣质食品,小麻雀的脑海里突然产生一个报复的念头:

"好哇,胖墩儿和小毛头两个臭小子,今天可有你们好看的了。我要用这些伪劣食品好好捉弄一下你们两个,看你们以后还敢不敢欺负我!反正吃了这些东西也死不了人。"

打定了主意,小麻雀立刻飞到了小家伙们经常玩耍的操场上。

"哇,小麻雀飞来了!"

胖墩儿看到小麻雀,立刻捡起一颗小石子朝天空扔了过去。小麻雀扑棱一声飞到了小毛头的前面。

"嘿,这只小麻雀找死呀!总是在我们面前晃来晃去的。好,你看我怎么逮住你!"

胖墩儿和小毛头一前一后地追着小麻雀跑了起来。小麻雀始终与两个小家伙保持一定的距离,一步步把他们引诱到工地上。到了工地上,小麻雀又忽地飞起来,坐在高高的树枝上,等待两个小家伙的下一个动作。

"咦,小麻雀呢?飞到哪去啦?"

两个小家伙在寻找小麻雀时,突然发现了被遗弃在工地上的食品箱子。强烈的好奇心促使他们动手扒开了箱子。

"哇,是奶牛牌奶糖啊!"

"还有肥猪牌火腿肠呀!"

胖墩儿和小毛头干脆坐下来,打开了所有的食品箱子。看到从箱子里倒出花花绿绿的食品盒,胖墩儿和小毛头高兴得合不上嘴。

两个小家伙就地吃掉了整整一箱巧克力饼干。吃饱后,两个人商议如何处理剩下的东西。

"还是先搬到我家的仓库里,免得叫别人拿走。"

"好!咱们再把这些东西低价卖给同学,然后用钱买两架玩具飞机。"

这可把树枝上的小麻雀乐坏了。因为两个淘气包正中下怀,落入它设下的圈套。

胖墩儿和小毛头搬好箱子后,立刻召集附近的小伙伴们,低价卖出了箱子里的巧克力饼干。一看是低价的名牌饼干,小朋友们自然也高高兴兴地买下了。

从那以后,那些小朋友们瞒着爸爸妈妈,早饭和晚饭只吃巧克力饼干,根本不想吃妈妈做的饭菜。要不是亮亮妈妈及时发现问题来找胖墩儿妈妈的话,那些小朋友们不知要吃掉多少伪劣食品。

"胖墩儿妈,你儿子卖这种食品,可怎么得了?我已经调查过了,这些巧克力饼干里含有很多有害物质!为了引人注意,这些食品还掺杂了大量的色素!孩子们吃了这些东西可怎么得了!"

亮亮妈妈怒气冲冲地朝胖墩儿妈妈说道。胖墩儿妈妈这才明白发生了什么事情。

那天晚上,胖墩儿被妈妈狠狠地训了一通。最后妈妈一再嘱咐胖墩儿,吃东西的时候一定要注意观察食品里面都包含哪些成分,否则会丢掉性命的。

食品里也含有对身体有害的物质

防腐剂为了延长食品的保质期,防止食品在一定时间内腐烂变质而加入的一种化学物质。一般用在汉堡包、豆酱、酱油等食品中。长期食用防腐剂有可能患上癌症。

色素为了增添食品的色泽而加入的化学药品,多用在汉堡包、火腿肠等食品中。长期食用色素容易患癌症,过量食用色素还可能出现呕吐、窒息等症状。

化学调料是用化学物质制作的调味品,长期食用容易导致癌症。

购买食品一定要认准生产日期

购买食品时,不仅要看清保质期,更要认准生产日期。一般来说,保质期长的食品大多都是含有化学添加剂的食品,因此要特别引起注意。最好的办法是尽量不要吃加工食品,多吃一些新鲜食品。

切勿用塑料器皿装食品

　　小朋友们,你们是不是有时往塑料盒里盛饭菜,有时往塑料瓶里装开水呢?如果是,就很容易产生环境内分泌干扰物。环境内分泌干扰物是专门杀死雄性精子,使雄性动物变成雌性动物的可怕物质。换句话说,它是影响生物繁殖的有害物质。

　　到目前为止,人们尚未搞清导致环境内分泌干扰物产生的真正原因,可是作为塑料原料的聚氯乙烯树脂,已经被科学家怀疑是导致环境内分泌干扰物产生的因素之一。所以,如果想远离环境内分泌干扰物,首先要远离与食品有关的塑料制品。

　　方便碗面或者易拉罐饮品打开以后,最好在10分钟内吃掉。过了这个时间就很容易生成环境内分泌干扰物。

　　喝热水请勿使用塑料杯。

　　装进微波炉的器皿切勿蒙上塑料薄膜,最好使用玻璃盖。

　　易拉罐饮料不可高温加热。

正在升温的地球

鬼怪三兄弟

这是非常寒冷的一天,北风吹得山上的树枝呼呼直响。高大的橡树下,鬼怪三兄弟在焦急地等着山下村庄的张大汉。张大汉每逢阴历十五都会来到这棵橡树下,给它们三兄弟送来绿豆粥和燕麦凉粉。

"半夜12点了,张大汉不会来了。天这么冷,他怎么过来呀?"

鬼怪三兄弟真的想念憨厚的张大汉。每次与张大汉相逢,它们三兄弟便轮番与张大汉摔跤。之后,张大汉又给它们三兄弟讲村里的故事。鬼怪三兄弟与张大汉在一起,总觉得时间过得太快。

"今晚本想要赢张大汉一回,可是……"

每次摔跤总是输给张大汉的老大比谁都想念张大汉。这时,老大想出了一个办法。

"我说,我们把天气变得暖和一点怎么样?"

"用什么办法改变天气?"

"当然是用我们手中的这根魔棒呀。挥动魔棒去改变寒冷的天气,我想这肯定很好玩。"

鬼怪三兄弟围坐在一起,商议如何改变天气。老大向两个弟弟讲了一件自己听来的事。

"阳光一照,天气就会变暖,是不是?可是,听说太阳照射地球使地球变暖之后,地球又把热量散发到地球外面。如果我们把来自太阳的热量紧紧地锁住,不让它散发到地球外面,天气不就变暖和了吗?""大哥说的倒是有道理,可是我们用什么办法锁住太阳的热量呢?"

"嘿嘿,这你就不懂了吧。只要增加空气中的二氧化碳就可以。听人们说,空气中包含着许许多多的气体,有二氧化碳、臭氧、二氧化氮等。这些气体是人类生存所不可缺少的。关键的问题是,如果这些气体增多了,地球的气温就会立刻上升。"

两个弟弟真没想到大哥竟然有这么多的学问。

"要做到这一点,首先要增加工厂烟囱的黑烟排放量和汽车尾气的排放量。不过这些远远没有森林大火排放出的二氧化碳的量多。要想锁住来自太阳的热量,就得有大量的二氧化碳。"

"好极了。如果天气变暖,张大汉也肯定会高兴的。说不定他还会天天来看咱们呢。"

三兄弟的眼前浮现出了张大汉被冻得直哆嗦的样子。鬼怪三兄弟立刻分工,拿起各自的魔棒,奔赴自己的任务区。负责工厂的老大朝郊外的工业基地走去,负责汽车尾气的老二奔赴大马路,负责森林的老三转身走进深山里。

鬼怪三兄弟的魔棒确实神通广大,只要敲打一下工厂的烟囱,工厂烟囱就冒出滚滚浓烟;敲打一下汽车,汽车就自动排放出难闻的尾气;敲打森林,森林就燃起熊熊大火,滚滚浓烟弥漫天空。

一夜之间,世界各地被鬼怪三兄弟折腾得乌烟瘴气,整个地球霎时间笼罩在灰蒙蒙的烟雾之中。

地球渐渐地有了反应。寒冷的冬天悄悄地消失,天气逐渐转暖,即使是腊月时分树枝也发芽了。又过了几天,天气开始闷热起来,各种昆虫漫天飞舞,冬眠的动物们也都钻出了洞穴。

"好啦,天气终于变暖了,我们可以见到张大汉了!"

鬼怪三兄弟高兴得挥舞着手中的魔棒跳起了舞。因为它们觉得,到底为人类做了一点好事。

然而,张大汉不仅没有高兴起来,反倒满面愁容地望着自己的田地。原来天气突然变暖,他的田地遭受了前所未有的病虫害。

二氧化碳是怎么生成的?

地球的大气层包含着很多种类的气体。二氧化碳就是其中的一种。二氧化碳对地球上的生物来说是必不可少的。林中的植物和海洋中的浮游生物专门吸收二氧化碳,然后向大自然排放出新鲜的氧气。

然而,随着人类使用石油和煤炭的总量日益增加,以及热带雨林遭到的破坏日益加重,空气中二氧化碳的含量已经超出了大自然所能吸收的数量。过量的二氧化碳阻挡地球向宇宙空间排放热量。试想,如果应该排放的热量排不出去,地球的温度将要上升到什么高度?

如果地球温度升高,会发生什么事情?

地球的温度上升,会使南极和北极地区的冰原融化并流入大海。只要海平面增高2米,孟加拉国、丹麦等国家就立刻会被海水淹没。

地球的温度上升,天气自然变得闷热,而天气变热又很容易导致旱灾。世界上有很多国家因多年没有降雨正遭受着严重的旱灾。

地球上的生物都在适合自己身体特征的环境里生存。可如果天气突然变热,大多数生物会因来不及适应突变的环境而死去。恐龙就是因为生存环境的突变而灭绝的。那么,我们人类呢?

我们周围的气温正在悄然上升

随着地球表面温度的上升,我们身边的气温也在悄然升高。我们生活在北温带,这里的气候原本是四季分明,夏季炎热,冬季寒冷。然而随着气温的增高,冬季和夏季的温差正在逐渐缩小,每年都发生暖冬现象。如果长期这样,我们这里也有可能变成像东南亚那样四季炎热的热带气候。

如果我们这里的气温升高2℃,那么喜欢炎热天气的各种病虫害就会横行,给所有的生物带来不尽的灾难:病毒肆虐会夺去我们无数的生命,害虫遍地会毁坏所有的庄稼。这绝不是危言耸听。

臭氧——地球的保护伞

豆豆王子的绿色星球旅行记

一艘遨游太空的宇宙飞船进入了太阳系。驾驶宇宙飞船的是天使星球上的豆豆王子。豆豆王子一边唱着歌一边观赏宇宙美丽的景色。突然他发现一颗绿色星球。豆豆王子拿起望远镜,仔细地观察了那颗星球。

豆豆王子看见了树林和河流,看见了湛蓝的大海和透明的空气。更让豆豆王子吃惊的是,在绿色星球上蠕动着无数个生命体。

"哇,好美丽的星球啊!"

豆豆王子情不自禁地发出了赞叹声。看到美丽的绿色星球,豆豆王子不禁想起他所见过的其他星球。到处都是暗红色岩石的火星、被一层坚硬的冰面包围的土星……这些星球都比不上绿色星球,因为它们没有生命。

"好,我要到绿色星球去看一看!"

拿定主意,豆豆王子便驾驶宇宙飞船向眼前的绿色星球飞去。当宇宙飞船快要靠近绿色星球的时候,豆豆王子突然想起了什么,他放慢速度自言自语道:"有生命就意味着有阳光。那么,它们是怎么接受阳光的照射呢?在太阳的紫外线辐射下,任何生物都不可能生存下去的呀。莫非那颗星球上的生物也跟我们星球上的生物一样,穿着特殊的衣物抵御太阳的紫外线?"

豆豆王子再次拿起望远镜瞭望了一会,可却怎么也观察不出来绿色星球上的生物穿着什么特殊的防护衣。它们在明媚的阳光下无遮无掩,活动自如。突然,豆豆王子发现了一个戴黑色眼镜的生物。

"好哇!原来是那一副黑色眼镜遮挡了来自太阳的紫外线!我也得戴上黑色眼镜前往绿色星球。"

然而,多心的豆豆王子还是犹豫不决,不敢贸然靠近绿色星球。他的心里又冒出了新的疑虑:戴上黑色眼镜只能保护眼睛,那裸露在阳光下的其他部位又用什么来保护呢?

"不行!必须得弄清绿色星球上的生物保护皮肤的方法。"

豆豆王子在绿色星球的外围盘旋着,察看着绿色星球上的情况。可是,不管豆豆王子怎么观察,他也看不出绿色星球上的生物有什么特殊的防护衣。

"好奇怪呀!"

突然,豆豆王子发现,绿色星球表面蒙着一层像塑料薄膜似的模糊不清的云层。

"咦,那又是什么呢?"

豆豆王子还是头一次看见有一层云雾蒙在表面的星球。为了弄清那层云雾到底是什么东西,豆豆王子采集了一点云雾样品,放到宇宙飞船上的空气成分测试仪里面。测试仪的屏幕上立刻显示出测试结果——臭氧层。

"什么?臭氧层?臭氧层又是什么?"

豆豆王子又往空气成分测试仪里输入了命令。测试仪的屏幕上显示出有关臭氧层的说明。绿色星球上的臭氧层就像过滤器一样,专门吸收来自太阳的紫外线,将除掉大部分紫外线的阳光送到绿色星球上。

原来是这么回事!有了臭氧层就能挡住来自太阳的紫外线?如果我们天使星球拥有臭氧层,不也跟绿色星球一样成为有生命的星球了吗?

想到这里,豆豆王子安下心来,驾驶着飞船"呼"的一声朝绿色星球飞去。

臭氧层——地球的保护膜

离地面约30千米的高空有一层厚厚的空气层,它像塑料薄膜一样覆盖在地球的上空。由于它主要由臭氧组成,所以我们称之为臭氧层。

臭氧层专门吸收来自太阳的强烈的紫外线,因此,只有少量的紫外线会到达地面。每到夏季,我们的皮肤往往被太阳晒得黝黑,这就是紫外线辐射造成的。如果没有臭氧层,强烈的紫外线会直接照射到地球表面上,地球上的生物将全被晒伤甚至晒死。可见,臭氧层是地球上空的一道天然"过滤器",它吸收紫外线从而保护了地球。

可令人担忧的是,如此重要的臭氧层正在出现空洞。据说,南极上空的臭氧层有一个像南美洲大陆那么大面积的空洞。臭氧层出现空洞,意味着臭氧层正在遭受人为的破坏。

破坏臭氧层的因素

破坏臭氧层的元凶是氟利昂。空调、电冰箱用的制冷剂氯氟烃,其商品名叫氟利昂。氟利昂在上升直至穿出臭氧层后,在强烈紫外线的作用下会迅速分解,产生氯原子,氯原子极为活泼,专门拆散臭氧分子,使臭氧层逐渐变薄,出现空洞。

氟利昂多用于制造冰箱、空调、半导体等产品。过去它曾被用于发胶喷雾剂的生产中,现在它已经被一种无污染材料所代替。

发达国家已经成功研制了氟利昂的替代材料,可他们就是不愿意将这一技术无偿传授给发展中国家。为什么?就是为了向发展中国家高价出售自己的产品。

小朋友们,请你们想一想:是金钱重要,还是地球上的生命重要?

请小朋友们多加关注臭氧警报

臭氧不仅仅存在于离我们30千米高的臭氧层里,也存在于我们的身边。而存在于我们身边的臭氧不仅对人体有害,而且严重危害农作物的生长。所以,一旦空气中的臭氧含量增多,很多国家都会发出臭氧警报。

在风力较大的天气,空气中的污染物会随风飘荡,散发到四面八方;但是在没有风的情况下,空气中的污染物就会静止不动,沉降在某一处危害地球生物的生命。

正因为这样,臭氧警报往往在无风或阳光暴晒的天气时发布。小朋友们,遇到这样的天气,请你们转告你们身边体弱多病的人,让他们尽量少出门,少晒太阳,以免受到臭氧的伤害。

酸雨是怎么形成的?

小白兔的一场噩梦

早晨起来,小白兔觉得头昏脑涨,心情郁闷,昨晚它做了一个噩梦。在梦中,有几个猎人在它身后穷追不舍,眼看要被猎人抓住了,小白兔急中生智,赶紧躲藏到枝叶繁茂的草丛中。可就在这紧要关头,出现了小白兔意想不到的事情,它所藏身的草丛突然间全都干枯了,小白兔一下子无处可藏。结果就不言而喻了。

小白兔草草地洗把脸,来到洞外寻找新鲜的青草当早餐。周围的青草依旧绿油油的,树林也依旧葱郁繁茂,怎么会做那种荒唐的梦呢?小白兔百思不得其解。

似乎为了消除心中的不安,小白兔边吃草,边喃喃自语:

"梦毕竟不是现实!草丛是绝对不可能一下子干枯的!我只不过是做了一场噩梦。"

吃完早餐,小白兔决定到大山的另一边去看望住在那里的大山爷爷,一来缓解一下因为那场噩梦而紧张的心情,二来让好心的大山爷爷给自己解一解梦。

小白兔刚爬到半山腰时,忽然听到身后传来一阵脚步声。

"不好!是猎人!"

出于本能,小白兔撒腿跑了起来。身后的猎人也在嗷嗷地喊叫着,紧紧地追上来了。

"快跑!越过山梁就有一片枝繁叶茂的阔叶林,到那里就有地方可以躲藏!"

小白兔使出吃奶的力气奔跑起来,终于越过了高高的山梁。然而展现在它面前的阔叶林让小白兔万分失望。原来,茂盛的阔叶林真的像昨夜在梦中见过的那样全都干枯了,只剩下干巴巴的树干。

"完了,这下我死定了!"

正当小白兔东张西望寻找藏身处时,忽然有一只手伸出来拉住了它。小白兔抬头一看,哇,原来是狍子叔叔。狍子叔叔急忙把小白兔带进了附近的岩洞里。

没有抓到小白兔的猎人悻悻地走了。尽管危险已经过去了,可生来胆小的小白兔却久久平静不下来。看到小白兔惊魂未定的样子,好心的狍子叔叔安慰它,说道:

"出门必须要有爸爸妈妈陪着。你小小年纪单独出门,这怎么可以呀?这不是差点出大事了吗?走,先到我家去休息一会儿。"

"谢谢你,狍子叔叔!要不是你救我,恐怕我早已被猎人抓走了。瞧,都怪昨晚的那一场噩梦!"

"什么?你做了噩梦?"

小白兔给狍子叔叔讲了昨夜的那场噩梦。听完,狍子叔叔惊讶地说道:

"怎么会这么巧呢?你做的梦竟然与现实一模一样!"

"是啊!我也在纳闷,我梦中见的树林和这山坡上的树林怎么是完全一样的呢?狍子叔叔,山坡上的那些树林是怎么回事?"

"都怪那场大雨!"

"什么,大雨?天降大雨树木不是会更繁茂吗?"

小白兔不明白狍子叔叔的话。狍子叔叔耐心地对小白兔说道:

"两天前我听见了人们的议论,说几天前下的那场大雨是酸雨。"

"什么?酸雨?我只听说过雷雨、暴雨和毛毛雨,可从来没有听说过'酸雨'。"

"听说那是含有有害物质的雨水,所以人们也在想方设法避免那种雨水。"

小白兔实在不敢相信,这世上还有对生物不利的雨水?可是看到岩洞外面干枯的树木,小白兔又不得不相信。这到底是怎么回事?小白兔满腹疑问地走出了岩洞。

什么叫酸雨

酸雨属于空气污染,是指PH值小于5.6的雨雪或其他形式的降水。雨水被大气中存在的酸性气体污染。酸雨主要是人为的向大气中排放大量酸性物质造成的。我国的酸雨主要是因大量燃烧含硫量高的煤而形成的,多为硫酸雨,少为硝酸雨,此外,各种机动车排放的尾气也是形成酸雨的重要原因。近年来,我国一些地区已经成为酸雨多发区,酸雨污染的范围和程度已经引起人们的密切关注。

酸雨可导致土壤酸化。我国南方土壤本来多呈酸性,再经酸雨冲刷,加速了酸化过程;我国北方土壤呈碱性,对酸雨有较强缓冲能力,一时半时酸化不了。土壤中含有大量铝的氢氧化物,土壤酸化后,可加速土壤中含铝的原生和次生矿物风化而释放大量铝离子,形成植物可吸收的形态铝化合物。植物长期和过量的吸收铝,会中毒,甚至死亡。酸雨尚能加速土壤矿物质营养元素的流失;改变土壤结构,导致土壤贫瘠化,影响植物正常发育;酸雨还能诱发植物病虫害,使农作物大幅度减产,特别是小麦,在酸雨影响下,可减产13%至34%。大豆、蔬菜也容易受酸雨危害,导致蛋白质含量和产量下降。酸雨对森林的影响在很大程度上是通过对土壤的物理化学性质的恶化作用造成的。在酸雨的作用下,土壤中的营养元素钾、钠、钙、镁会释放出来,并随着雨水被淋溶掉。所以长期的酸雨会使土壤中大量的营养元素被淋失,造成土壤中营养元素的严重不足,从而使土壤变得贫瘠。此外,酸雨能使土壤中的铝从稳定态中释放出来,使活性铝的增加而有机络合态铝减少,土壤中活性铝的增加能严重地抑制林木的生长。 酸雨可抑制某些土壤微生物的繁殖,降低酶活性,土壤中的固氮菌、细菌和放线菌均会明显受到酸雨的抑制。 酸雨可对森林植物产生很大危害,根据国内对 105 种木本植物影响的模拟实验,当降水 pH 值小于 3.0 时,可对植物叶片造成直接的损害,使叶片失绿变黄并开始脱落。叶片与酸雨接触的时间越长,受到的损害越严重。野外调查表明,在降水 PH 值小于 4.5 的地区,马尾松林、华山松和冷杉林等出现大量黄叶并脱落,森林成片地衰亡。

酸雨能使非金属建筑材料(混凝土、砂浆和灰砂砖)表面硬化水泥溶解,出现空洞和裂缝,导致强度降低,从而建筑物损坏。建筑材料变脏,变黑,影响城市市容质量和城市景观,被人们称之为"黑壳"效应。我国酸雨正呈蔓延之势,是继欧洲、北美之后世界第三大重酸雨区。

伦敦上空的烟雾

1952 年 12 月,在英国伦敦发生了一起举世震惊的大惨案。那天夜里,一场前所未有的大雾悄悄地降临到静静的伦敦上空。此时,伦敦的每个家庭都在烧煤取暖,上百万家庭的烟筒里冒出团团黑烟。

这些黑烟混杂在浓厚的雾气中,徐徐地降落在地面上,又悄然无声地溜进了每一个家庭里。熟睡中的人们陆续被黑色烟雾熏倒了。最早受害的当然是老人和孩子。结果,可怕的黑色烟雾夺去了 8000 多伦敦市民的生命。这场烟雾正是由煤烟中的亚硫酸气体混杂在雾气中形成的。亚硫酸气体侵入人体的呼吸道,能引发呼吸系统的各种疾病,严重的会导致死亡。

厄尔尼诺

调皮捣蛋的哥哥

故事发生在浩瀚的太平洋一角,靠近南美洲秘鲁的一个海域。这里盛产各种海产。一天,一位老渔翁愁眉不展地坐在船头上叹着气。

"咳,天都要黑了,可一条鱼都没有捕到,这日子可怎么过呀!就算碰一碰运气,再撒三遍看看!"

说着,老渔翁朝大海撒开了渔网。第一次捞上了一只破皮鞋,第二次捞上了一塑料袋生活垃圾。

"完啦!老天爷也真够无情的,眼看我这个老头子要饿死了,却连一条鱼都不想赐给我!"

老渔翁嘴里嘟囔着,最后一次撒下了渔网。哟,这次渔网沉甸甸的,好像捞到了一条大家伙!老渔翁心花怒放,赶紧用力收网。

"这又是什么东西?我使这么大劲,才捞上了一只葫芦瓶?老天爷啊,我到底是哪里得罪你了,你竟然这么捉弄我呢!"

老渔翁一气之下把那只葫芦瓶摔到船头上。葫芦瓶碰在船头上又骨碌碌地滚回来了。这时,发生了一件奇怪的事情。葫芦瓶里先是冒出一缕青烟,接着又跳出了一男一女两个小娃娃。

见此情景,老渔翁立刻想起了《天方夜谭》里的一段故事:从葫芦瓶里冒出一个巨人,为贫穷的渔翁打抱不平,使穷渔翁一夜之间成了富翁。想到这里,老渔翁欣喜若狂。

"是我把你们从大海里救出来的,我就是你们的救命恩人!从今以后,你们就把我当做主人,为我多做一些好事!听明白没有?"

"呵,你算老几?敢支使我们?告诉你,别看我们两个个头不大,但我们俩的年龄可要比你大好几倍!我想你也应该听说过我们的大名:厄尔尼诺和拉尼娜!"

"什么?厄尔尼诺和拉尼娜?原来你们就是给我们带来旱灾和洪灾的那两个坏蛋?"

老渔翁又气又急。他还记得小时候大人给他讲过的故事,说有一对名叫厄尔尼诺和拉尼娜的兄妹由于过分地坑害地球而惹怒了大地女神,最后被大地女神关在了葫芦瓶里。

"没错,是你把我们俩从葫芦瓶里解救出来的,我们很感谢你。作为报答,我们劝你赶紧离开大海。我们马上要实施我们的作战计划了!"

老渔翁为自己闯下的大祸后悔不已,但是事到如今,没有别的办法,只能趁它们兄妹俩作恶之前赶紧离开大海。

"哥,还是由你先行动吧。我在这里先歇一会儿。"

"好!总算盼到了今天!从现在开始我要让地球上的所有生物尝一尝我的厉害!"

厄尔尼诺开始作恶了。随着厄尔尼诺的作怪,海水渐渐变暖,海风也渐渐变小了。平时向秘鲁方向流淌的寒流变成了暖流,整个太平洋地区的气候一下子发生了变化。在印度尼西亚连续好几个月没有降雨,树木枯死,火灾不断。同时,也有一些地区过早地迎来夏天,苍蝇、蚊子等害虫泛滥成灾,霍乱、疟疾等传染病到处流行。

看着厄尔尼诺肆无忌惮地糟蹋地球,老渔翁痛心疾首,后悔不已。

"哎哟,都怪我这个老糊涂!我该怎么办好呢?祸是我闯下的,我又不能视而不见……"

经过一阵苦思冥想,老渔翁最后背起行囊,踏上了寻找大地女神盖亚的路程。

什么叫厄尔尼诺？

在赤道附近的东太平洋上，每隔2~7年就发生一次海水升温的现象。至于为什么会发生这种现象，人们至今尚未弄清。但人们把这种海水的平均温度比往年升高，并且持续5个月以上的现象叫做"厄尔尼诺"。

厄尔尼诺——害虫的亲密伙伴

发生厄尔尼诺现象，最高兴的莫过于全世界的害虫。因为气温升高、天气变暖，冬眠的害虫复苏得早，繁殖率也变高。在东亚很多国家，本应6月份才复苏的蚊子4月份就开始活动，尽管人们采取了很多措施，但成群的蚊子还是肆虐于东亚各国，给人们带来巨大的痛苦。如果蚊子的天敌青蛙和河鱼不减少，蚊子也不至于猖獗到这个地步。但是随着江河湖泊的污染情况越来越严重，蚊子的天敌也越来越少了，蚊子自然就如入无人之境，为所欲为了。

厄尔尼诺正在改变地球的气候

在出现厄尔尼诺现象的年份，全球气候冷暖无常、变化莫测。最典型的现象是冬季温暖、夏季凉爽。厄尔尼诺的危害不仅影响太平洋沿岸国家，甚至波及非洲大陆。

每当厄尔尼诺现象出现的时候，北美洲和南美洲就会出现洪水泛滥、鱼类消失等自然灾害；印度、印度尼西亚和非洲部分国家严重干旱，频繁引发森林大火；中国、韩国、日本等东亚国家会出现冬季温暖、夏季凉爽等反常气候。

西方人称厄尔尼诺为上帝之子

厄尔尼诺的老家在南太平洋的东岸,即南美洲的厄瓜多尔、秘鲁等国的西部沿海。世界著名的秘鲁寒流由南向北流经这里,形成了著名的秘鲁渔场,这里生产的鱼类数量曾占世界海洋鱼类总产量的五分之一左右。但是每隔2~7年,秘鲁渔场便发生一次由于水温异常升高而造成的海洋生物浩劫,鱼死鸟亡,海兽迁徙,鱼类大幅度减产。这种现象一般在圣诞节前后或稍后一两个月出现,因此西方人称此现象为"厄尔尼诺",即"上帝之子"。除了秘鲁南海岸之外,厄尔尼诺现象还可能在美国加利福尼亚、西南非洲、西澳大利亚等地的沿海发生,只是影响程度比较小一些,没有引起人们的广泛注意。

拉 尼 娜

心 术 不 正 的 妹 妹

正当厄尔尼诺肆意改变地球气候的时候,它的妹妹拉尼娜仍在熟睡。哥哥厄尔尼诺是一个满肚子坏心眼的恶鬼,妹妹拉尼娜也是一个不亚于哥哥的刺头。

拉尼娜从睡梦中醒来,伸了一下懒腰,探出头来望了一眼大海。它想看一看哥哥厄尔尼诺的恶作剧搞到什么程度。

有几艘捆绑在一起的渔船在海边漂浮着,无法出海捕鱼的渔民们坐在船头,边听收音机边编织渔网。

"各位听众,全世界的气候正在发生反常变化。有的地方连续不断地下着暴雨,有的地方却连续几个月干旱。据有关部门分析,这都是由厄尔尼诺带来的反常现象。"

噢,原来是在我睡觉的时候哥哥厄尔尼诺狂扫地球,成功地实施了作战计划。好,当妹妹的,我也该配合哥哥的行动,来它一个天翻地覆了。想到这里,拉尼娜从被窝里钻出来,飞到了大海上空。

要说使坏心眼儿,兄妹俩不分上下。可在表现方式上兄妹俩却截然不同。哥哥厄尔尼诺擅长用微风提升大海的温度,而妹妹拉尼娜则擅长用狂风降低大海的温度。

由于拉尼娜的出现,世界各地气候又一次发生了反常变化。原先被干旱和山火折腾的印度尼西亚这次却遭遇了历史罕见的洪涝灾害,秘鲁则出现了连续干旱的天气。

被拉尼娜折腾的不仅仅是人类,就连动物也深受其害,以至于达到了召开"全世界动物紧急会议"的程度。

再说去寻找大地女神盖亚的那个老渔翁,一路询问,翻越千山万水,历尽艰辛,终于找到了大地女神盖亚。

"你这个卑贱的人类胆敢闯入我的地盘!我早已发誓,以后遇到任何事情不再跟你们满怀私心的人类打交道。还不快给我滚出去!"

见到老渔翁,大地女神顿时火冒三丈,说来也难怪,大地女神精心照料地球,使地球上的江河湖海碧绿清澈,树木花草葱郁繁茂,各种生灵和睦相处。绿色的地球因为有了大地女神而生机盎然、充满活力。然而,贪婪的人类却把地球当做自己的私有财产,砍伐森林树木,采掘地下矿藏,糟蹋江河湖海,污染大气环境,肆意破坏大地女神安排好的生态环境,使地球千疮百孔、伤痕累累。这怎能不令大地女神生气呢?

但老渔翁还是厚着脸皮向大地女神请求:"万能的大地女神,厄尔尼诺和拉尼娜。兄妹俩正在糟蹋我们的地球,请女神娘娘帮我们制止这一对坏兄妹的猖狂行为吧!"

"哼,厄尔尼诺和拉尼娜的行为算得了什么?比起你们人类肆意破坏地球环境来,可差得远呢!你们人类是在天天为难地球,它们兄妹俩可才7年一次逞凶狂。要我制上它们,难道让你们人类更加肆无忌惮地破坏地球?"大地女神愤怒地说道。

"哎哟,万能的女神娘娘,那都是少数无知的人做出的愚蠢行为。还望女神娘娘宽宏大量,不要跟那些人一般见识。恳请女神娘娘原谅我们人类的过错,帮我们再次收服那两个祸害吧!"

老渔翁双膝跪地搓着双手哀求道。

可大地女神仍旧无动于衷,冷冷地说道:"只要你们人类一天不珍惜地球,我就让它们折腾你们一天,一直把你们折腾到珍惜地球为止!好啦,我不想再搭理你,赶快给我滚出去!"

老渔翁只得再翻越万水千山,回到了自己的老家。

小朋友们,你们知道回家以后的老渔翁在干什么吗?你们看,老渔翁正站在讲台上向人们大声疾呼:珍惜地球,保护环境,听从大地女神的安排!

什么叫拉尼娜?

拉尼娜在西班牙语里是"女婴"的意思。它是一种与厄尔尼诺相反的现象,即东太平洋的温度下降。拉尼娜现象一旦出现,包括印度尼西亚在内的东南亚国家就会暴风雨不断,遭受洪涝灾害,而位于太平洋东岸的南美洲地区却会遭受连续干旱的灾难。世界气候异常,仅仅是厄尔尼诺和拉尼娜的过错吗?

厄尔尼诺和拉尼娜是由来已久的自然现象。发现这一自然现象的还不是科学家,而是常年在秘鲁海岸捕鱼的渔民们。有些人认为地球气候该热不热,该冷不冷,都是由厄尔尼诺和拉尼娜造成的。但我们认为,世界气候变得异常,不能只怪厄尔尼诺和拉尼娜。

暂且不提导致地球气候异常的元凶是谁,可有一点是不容置疑的,那就是厄尔尼诺和拉尼娜两种自然现象比以前出现得更加频繁。究其原因,正是大气污染的结果。由于人们滥用能源,大气中的二氧化碳含量比以前增加了好几倍。随着二氧化碳含量的增加,地球的温度自然就升高了。

厄尔尼诺和拉尼娜不仅仅是发生在赤道附近的东太平洋区域的现象。

地球上的空气随着风向的变化可以转移到任何一个地方。所以如果某个国家突然出现了一股热空气,不能片面地怪罪是那个国家生成了那股热空气,因为风也可以将那股热空气从别的地方吹到那个国家,好比预测韩国天气不能不观察中国的气象状况一样。也就是说,如果中国上空漂浮着一团乌云,那么就意味着韩国在几天之内就有可能出现降雨天气。印度尼西亚是受厄尔尼诺和拉尼娜影响最大的国家

由于厄尔尼诺和拉尼娜改变了世界气候,所以有不少国家受其影响,

遭到不同程度的灾害。印度尼西亚就是最具代表性的国家之一。在印度尼西亚，每当厄尔尼诺现象出现的年份，就会发生大面积的山火灾害。引发山火的直接原因是当地农民放火烧荒。若是在平时，由于那里是年降雨量较多的国家，农民放火烧荒不容易导致大面积的山火，可在厄尔尼诺现象出现的年份因少雨干旱，很容易引发山火。

反之，如果出现拉尼娜现象，印度尼西亚一反干旱少雨的气候，连降暴雨，洪水泛滥，那里的人们就会饱受洪涝灾害的痛苦。在这两种自然现象的影响下，印度尼西亚真是灾难不断。

如果没有台风

强风隐退之后

全世界的风代表聚集在一起，召开了风代表大会。飓风、旋风、微风等一一入场，会议十分隆重。最后一个入场的是北风，不知发生了什么事情，北风脸色铁青，也不跟别的朋友打招呼，径直来到自己的座位上坐了下来。

"喂，北风，你这是怎么回事?脸色怎么这么难看?"

"别提啦。今天跟太阳打赌，结果我输了!真是气死我了!"

"什么，跟太阳打赌?为什么事跟太阳打赌了?"

"我们说好了用各自的本事看谁能让行路人自动脱下衣服。结果你猜怎么样?我使出浑身的力气吹起了大风，路人披紧衣服就是不肯脱下，可是当太阳一发出强烈的光，路人就二话不说，自动脱下了衣服。事情到这里也就算了，可没想到旁观者议论纷纷，添油加醋地议论着我输给太阳的经过，还说什么太阳是以柔克刚。岂有此理!"

"风与太阳打赌，本身就是一件很愚蠢的事情嘛。与太阳打赌，咱风家族能赢过太阳吗?不是很简单的道理吗，北风吹来人们披紧衣服，太阳照射人们脱下衣服，这是很自然的事情嘛!"

小微风微笑着善意地说。听到微风的话，其他的强风兄弟都为北风打抱不平："北风也够冤枉的。人们普遍都不喜欢我们强风，所以有些人特意编造出说我们强风的坏话。"

"可不是吗?像我这样的旋风稍微吹一下,人们就指责我,说该死的旋风不干好事,总是扬起灰尘弄脏他们的衣物!"

旋风愤愤地说道。强风兄弟们深表同感,一致要求联合起来对付人类。

"全世界风代表先生们!让我们联合起来,发起一场强风运动,吹到人类那里去,摧毁他们的村庄,摧毁他们的房屋,向世界展示一下我们风家族的威风吧!"

"好!赞成!"

听到要联合起来共同对付人类的号召,强风兄弟们兴致勃勃地呼喊起来。可是,微风、春风等和风兄弟却提出了不同的观点。

"我们觉得你们的做法有点过分,人类总是为我们唱赞歌呢!"

我们和风兄弟可从来没有做过对不起人类的事情呀!"

"对呀,不信你们听听。春风吹来万物兴,和风细雨滋润我。微风送爽春意浓,满山遍野披绿装……"

于是,和风与强风分成两派争吵起来了。看到同一家族的两股风争吵不休,岁数最大的老爷风站了出来:"好啦,都别争了!既然人们都喜欢和风兄弟,那就让和风兄弟先给人们送点好处,强风兄弟暂时隐退下来,休息几个月。"

风代表们最后还是决定听从老爷风的话。

强风兄弟非常团结,说休息,真的消失得无影无踪,就像从地球上彻底消失了似的。不管白天黑夜,再大的风也只不过能飘动头发丝。

不知道世界风代表大会内幕的人们一看强风消失,只有微风吹拂,个个喜出望外。是啊,强风都去休息了,年年给人们带来巨大灾难的台风也就不见了。没有台风连根拔起大树,没有台风毁坏船只、房屋,整个世界好像从战争状态中解脱出来,又恢复了往日的平静。

可是,随着时间的流逝,地球上出现了奇怪的现象。闷热的天气持续不断,池塘湖水渐渐干枯,花草树木也渐渐变黄了。尤其热带地区和南北两个极地陷入了一片混乱。北极的北极熊和南极的企鹅接二连三地被冻死,热带的猴子和沙漠的骆驼也纷纷窒息而死。

仅仅是少了强风而已,地球上怎么会发生如此奇怪的现象呢?人们这才开始寻找地球气候发生变化的原因。

风 的 作 用

风促使空气流通。要生成风,就需要太阳的热能。然而,太阳的热能并不是均匀地分配在地球的所有地方。比如,接受太阳热能较多的非洲和沙漠地带十分炎热,而接受太阳热能较少的北极和南极却非常寒冷。同样,有些空气接受太阳的热能多一些,有些则少一些。暖空气因质量小而上升到高空中去,冷空气则因质量大而从高空沉降下来。这种暖空气和冷空气的移动过程就产生了风。

台 风 的 名 字 是 怎 么 起 的 ？

在我们东方,按照台风形成的顺序称为一号台风、二号台风等等,可西方国家却给台风起一个人名。一开始,为了消除人们对台风的恐惧感,有人给台风起了女孩子的名字,没想到这一举措却引起了世界各国妇女的强烈反对,她们认为以女孩的名字代替台风的称呼是对妇女人权的侵犯。从那以后,人们轮流以女孩和男孩的名字命名台风。

地 球 上 没 有 台 风 会 怎 么 样 呢 ？

台风虽然给我们的生活带来巨大的灾难,可台风又是我们生活中必不可少的自然现象。如果没有台风,暖空气和冷空气无法流通,会使炎热的地方越来越热,寒冷的地方越来越冷。在寒冷的北极和南极之所以有北极熊和企鹅生存,正是因为台风给那里带去一丝暖空气。同样的道理,热带地区之所以有生物存在,也是因为台风给那里带去一丝冷空气。台风对地球的空气流通起着重要的调节作用。

气象卫星为我们提供台风的动向

在地球的上空,飞翔着各国的气象卫星。气象卫星替我们观察地球上空的降雨、云团等气象情况,也测量陆地和海洋的温度。国家气象台根据气象卫星提供的气象资料,分析气温的变化和风向以及台风的动向。

但是,我们所看到的天气预报,除了根据气象卫星提供的资料,还要参考设置在地面、海洋和天空等处的气象观测站提供的资料,综合编制而成的。

人们虽然为掌握更加准确的气象资料付出了巨大的努力,但到目前为止,仍然不能编报完全准确的气象预报。

美丽的心灵

土包子公主的故事

很久很久以前,有一位非常美丽的公主。这位公主身份高贵,相貌美丽,十分富有,想要的东西应有尽有:最高级的衣物服饰、进口高档家具、最新款游戏机、最英俊潇洒的王子……公主每天的工作就是查收和翻阅邻国的王子寄给她的信件和礼物。

有一天,邻国王子的一位侍从来到了公主面前。那位侍从愁眉不展、忧心忡忡,似乎有什么心事。

"尊贵的公主!恕小人直言,您的王子陛下在我们国内患上了一种怪病。大夫说,只要到空气好的地方去呼吸一下新鲜空气就可以治好,所以,我们把王子陛下送到别的国家疗养去了。"

一听心爱的王子生病了,善良的公主急坏了,问道:"王子陛下是如何生病的?"

"尊贵的公主,都怪我国的空气不好。我国的空气里含有不少有害气体,所以……"

邻国的侍从回去以后,公主因担心王子的身体状况,茶饭不思,夜不能寐。无论家庭教师给她讲故事,还是给她唱催眠曲,都不能消除公主对王子的思念。

"公主,王子陛下的病很快就会好的,您不要过于担忧。"

"可是,如果再患上那样的病可怎么办呀?"

"是啊。为了王子陛下不再患上那种病,我们必须创造一个整洁的环境。公主,现在有人成立了环境保护俱乐部,您要不要到那里去看一下?"

"是吗,还有那样的俱乐部?这太好啦!我明天就去参加那个俱乐部。"

第二天,公主身穿华丽的服装,脖子上围着珍贵的貂皮围脖,来到了环境保护俱乐部。没想到俱乐部的所有成员都用异样的目光看着公主。公主还以为是因为自己太美丽呢!不料有一个年轻的先生走上前,问公主道:"尊贵的公主,您有没有想过,因为您脖子上的貂皮围脖,死去了多少只水貂?"

在第二次活动中,公主没戴貂皮围脖,她开着自己的小汽车来到了环保俱乐部。"尊贵的公主,从您的王宫到俱乐部只有几百米的距离,您还开车来?您有没有想过汽车排放出来的有害气体要污染多少空气吗?"

俱乐部的每一个成员们对自己的要求都非常严格。公主深受感动,决心为了王子,为了保护环境,自己什么都舍得放弃。

在第三次活动中,公主既没有戴貂皮围脖,也没有乘车,以普通人的打扮来到了俱乐部。这一次公主得到了全体成员的鼓掌欢迎。

从此以后,娇贵的公主像换了一个人似的。她再也没有购置华丽的衣物,也没有随意更换日用品。她一改往日的华贵,平时穿戴随和,出门骑自行车。她还经常跟俱乐部成员一起到郊外调查河流有无污染,监督工厂烟囱是否排放有害气体。于是,原本美丽的公主一下子变成了一个穿戴朴素、皮肤黝黑的乡下女子。俱乐部的成员们戏称她是土包子公主。对此,公主不仅不生气,反而觉得特别舒心。

终于有一天,公主日盼夜想的王子回到了公主的面前。看到王子满面红光、精神焕发,公主激动地跑过去,扑到王子的怀抱里。不料,王子却一把推开公主,说道:"我不喜欢你这样的土包子公主,我要的是一个有品位、有风度的公主,赶快去换一身新衣服来。"

公主的心顿时凉了。

"为了你,我抛弃舒适的生活,为创造整洁的环境努力着。可你这是什么话?既然你不喜欢我这个模样,那我也不喜欢像你这样华而不实的伪君子!"

公主回敬王子这一句话之后,甩头跑进了自己的房间里。王子愣在原地一动不动。看来,王子还没有完全理解公主那一颗美丽的心灵。

环境天使——绿色和平组织

绿色和平组织是世界性的民间环保团体,目前拥有 158 个成员国和 500 万名会员。1971 年创建于加拿大的这一组织,宗旨只有一个,那就是创造适合地球生物共同生存的环境,防治地球污染,保卫地球和平。

绿色和平组织活跃于世界各地,哪里有环境污染,哪里就有他们的身影。他们甚至冒着生命危险,前往核试验基地去监察核试验辐射的扩展情况,爬到排放有害气体的烟囱顶上,进行反污染示威活动。

里约热内卢国际环保会议

1992 年,在巴西的里约热内卢召开了一次世界各国首脑会议,会议议题只有一个——保护环境与可持续发展。与会的 179 个国家一致主张力求避免破坏环境的发展,在保护环境的前提下大力发展科学技术。这次会议还提出一个口号——环境创造人类,人类创造环境。

会议指出,世界各国都有义务保护生态环境,节约能源,不排放污染环境的有害物质,驱逐贫穷和疾病,控制世界人口增长,减轻地球负担,为子孙后代留下一个整洁、美好的生活环境。

让我们共同保护我们唯一的家园吧

很多人还在以为地球的主人就是我们。事实上,我们并没有权利肆意糟蹋地球上的任何生物,造物主也好,上帝也罢,他们也从来没有赋予我们这个权利。可是,我们仍然擅自砍伐树木,捕杀地球上的各种动物,破坏生态环境,只图自己生活的安逸。

小朋友们,让我们站在保护地球的第一线吧。从我做起,保护生态环境,保护我们唯一的家园。

节约是我们的美德。所有人都应该节约用水,节约能源,爱护地球的生物。不要贪图安逸,哪怕吃一点苦,首先也要考虑自己的行为是否对保护我们的家园有益。参加环境保护团体也是积极保护我们家园的一个很好的办法。小朋友们,你们能不能做到?

自然現象

为什么地球看起来都是圆的

物理学家牛顿发现,所有物质都有相互的吸引力,叫做万有引力或重力。这吸引力和物质的质量及距离有简单的关系:物质愈多,质量愈大,吸引力就愈大;而物质之间的距离愈近,引力亦愈大。两个大胖子的引力就比同样距离的两位小朋友大。万有引力支配着宇宙内各星体的运动,比如说月球围绕着地球转,就是月球和地球之间的万有引力造成。

每个行星都包含很多物质,例如地球。而在宇宙中,地球只是一颗比较小的行星。地球有那么多的物质,引力就很大了,这也是我们站在地面不会飞出太空的原因。既然地面上的所有物质都被地球的引力吸着,地面就很难"起角",山不可以太高,因为地球的引力要把山峰的物质拉向地心,所以地球就很圆了。月球的质量只有地球的八十分之一,所以月球的引力比地球小很多,月球上的山就比地球的高很多。

依照以上的理论,一颗星球质量越大便越圆。相反,若质量很小,引力也小,星体就未必是圆的。事实上,太阳系内除了九大行星外亦有很多质量很小的小行星,它们的形状不甚规则,就如一块大石的模样。

不过,即使最大的行星——木星,也不是完全圆的。这是因为木星自转的速度很快(每十小时便自转一周,是八大行星中自转最快的一个),自转造成离心力,而在赤道附近离心力最大,以致整个星球扁了少许。其实所有的行星都发生同样的情形,我们要很小心才能观察到。

为什么云有各种不同的颜色

天空有各种不同颜色的云,有的洁白如絮,有的是乌黑一块,有的是灰蒙蒙一片,有的发出红色和紫色的光彩。这不同颜色的云究竟是怎么形成的呢?

很厚的层状云,或者积雨云,太阳和月亮的光线很难透射过来,看上去云体就很黑;稍微薄一点的层状云和波状云,看起来是灰色,特别是波状云,云块边缘部分,色彩更为灰白;很薄的云,光线容易透过,特别是由冰晶组成的薄云,云丝在阳光下显得特别明亮,带有丝状光泽,天空即使有这种层状云,地面物体在太阳和月亮光下仍会映出影子。

有时云层薄得几乎看不出来,但只要发现在日月附近有一个或几个大光环,仍然可以断定有云,这种云叫做"薄幕卷层云"。孤立的积状云,因云层比较厚,向阳的一面,光线几乎全部反射出来,因而看来是白色的;而背光的一面以及它的底部,光线就不容易透射过来,看起来比较灰黑。

日出和日落时,由于太阳光线是斜射过来的,穿过很厚的大气层,空气的分子、水汽和杂质,使得光线的短波部分大量散射,而红、橙色的长波部分,却散射得不多,因而照射到大气下层时,长波光特别是红光占绝对的多数,这时不仅日出、日落方向的天空是红色的,就连被它照亮的云层底部和边缘也变成红色了。

由于云的组成有的是水滴,有的是冰晶,有的是两者混杂在一起的,因而日月光线通过时,还会造成各种美丽的光环或虹彩。

为什么海水无色而大海是蓝色

我们站在轮船上看大海,海水总是碧蓝碧蓝的。但是,如果舀一勺海水看看,就会发现海水并不是蓝色的,而像自来水一样,是无色透明的。这是怎么回事呢?

其实这是太阳光在"变戏法"。我们知道,太阳光是由红、橙、黄、绿、青、蓝、紫七种色光组成的。当太阳光照射到大海上时,波长较长的红光和橙光由于透射力最大,能克服阻碍,勇往直前。它们在前进的过程中,不断被海水和海洋中的生物所吸收。而蓝光、紫光等,由于波长较短,一遇到海水的阻碍就纷纷向四面八方散射开来,甚至被反射回去,只有少部分被海水和海洋表面生物所吸收。

大海看上去是蓝色的,就是因为这部分被散射和被反射的蓝光和紫光进入了我们眼中。海水越深,被散射和被反射的蓝光就越多,看上去也就更蓝了。

为什么会发生泥石流

泥石流是一种自然灾害。当泥石流发生时,洪流中不仅有大量泥沙石块,也夹杂着洪水或冰雪融水等,它们混合成一股黏稠的泥浆,像脱缰的野马一般,沿陡坡奔腾而下。泥石流所到之处,良田变荒漠,房屋变废墟,冲毁路基、桥梁,给人类的生命财产带来极大的损失。据统计,全世界每年都要发生近10万次大大小小的泥石流。1970年南美洲秘鲁的安第斯山脉曾发生一次冰川泥石流,3010多万立方米的冰雪泥石一下子冲入一个名叫罗嘉依的城镇,顷刻间,全城被彻底淹埋,3万居民全部遇难。

泥石流是山体松动造成的,常常发生在半干旱的山区或高原冰川区。这里地形陡峭,树木植被很少,一旦暴雨来临或冰川解冻,石块吸足了水分,便出现松动,开始顺着斜坡向下移动。随着互相挤压、冲撞,大大小小的泥石夹杂着泥浆水,汇成一股巨大的洪流滚滚而下,于是就出现了泥石流。

为什么夏天晚上星星越多,隔天就会越热

夜间,星星的多少和当时的天空状况有十分密切的关系。天空有云层的时候,由于星星被云层遮去一部分,同时星光经过水滴,也会被反射和吸

收掉一部分光,因此从地面望去,星星就很稀少,星星的光度也弱。如果天空没有云,空中的水汽比较少,那么从地面望去,星星就会很多。

夏季,当有些地区受副热带高气压系统笼罩时,这些地区由于空气多作下沉运动,在下沉过程中,空气由于气压逐渐变小,气层变得比较干燥,以致出现碧空无云的天气。入夜以后,太阳辐射热源中断,地温迅速减低,水汽的蒸发作用减弱,下层空气温度下降,气层变得更加干燥和稳定,人们看到的星星就会较多。

因此,人们可以从夏夜星星较多,判断出当地正被副热带高气压所笼罩。由于在这种气压笼罩下,天气多晴朗少云,白天太阳能充分照射到地面,使地面增热强烈,而且在这种高气压盘踞时,天气常稳定少变,因此,可以进一步从夏夜星星多这一现象,判断第二天天气将较热,这就是"满天星,明天晴""夜里星光明,明朝依旧晴"说法的道理。

为什么日出时间的早迟与天气变化有关系

地球每天不停地绕着太阳公转,同时又绕着地轴在自转。按理说,在同一个季节相近的日子里,太阳进入地平线的时间是差不多的。但是,当连日天阴,夜雨一直下到清晨,正当天亮的时候,云层消失,太阳比前些时提早照耀到大地上。根据老农民的经验,像这种现象,不久还会下雨。这究竟是什么原因呢?

原来,在晴朗的夜晚,近地面的空气温度也随着下降。而离地面稍远的高层空气却冷却较慢,这就使得空气变得稳定起来。夜愈深,稳定性愈强。到了清晨,正是稳定性最强的时候,空气下沉也最盛,于是云层就会下沉而消散,因此,产生了太阳提早露面的现象。但是,这种云层因冷却下沉而消散的现象是暂时的,当日出之后,热力作用加强,对流作用加强了,云层又会合并而发展起来,天气就又会出现阴雨。日出早,其实是久阴后清晨云消,使太阳早些露面,并不表示天已转好,反而是继续下雨的先兆。因此有"日出时间早,天气不会好"的说法。

有些地区的人说:"慢开天,天气好。"这意思是说连日夜雨,但云的消散并不在清晨云层最稳定的时候,却是在太阳已升高,太阳的热力作用较强的时候。这时云层因蒸发而消散,太阳才露面。但这时,已不在清晨,而比较迟了。日出后,它的热力作用愈来愈强,云层蒸发也愈来愈剧烈,因此,云层将不可能再度合并,只能加快消散,使天气逐渐转晴。所以,"慢开天"的现象,预示着天气晴朗。

为什么沙漠中会有绿洲

提起沙漠,人们就会想起那一望无际的黄沙和死一般的荒凉。可是在我国的塔克拉玛干大沙漠中的哈密和吐鲁番等地,却到处一片绿,人烟稠密,物产丰富,哈密瓜、吐鲁番葡萄等闻名中外,被人们称为"绿洲"。

这是因为,哈密等地的地底下有着丰富的水源,流淌着一条条地下河。这些地下河的水来自"绿洲"附近的高山。高山上积有厚厚的冰雪,夏季冰雪消融,雪水穿过山谷的缝隙流到沙漠的低谷地段,隐匿在地下的沙子和黏土层之间,形成地下河。这些地下水滋润了沙漠上的植物,也可供人畜饮用,给沙漠带来生机,形成了一个个绿洲。在撒哈拉沙漠,人们甚至能从沙漠的地下河里钓鱼呢!

为什么河流总是弯弯曲曲的

在地图上我们可以看到,不论是长江、黄河,还是黑龙江、珠江,所有的河流都是弯弯曲曲的。

河流所以会弯曲,主要是两岸河水的不同流速造成的。在河水的长期冲刷下,有的地方河岸冲坍了,有的地方掉下一棵大树,或者在某一段流进一股支流,这样两岸的河水流速就会不一样。河水流速大的一边,河岸受到的冲击力也大。加上两岸土层结构不尽相同,有的比较松软,有的比较坚硬。天长日久,松软的河岸坍塌,使河流变成弯弯曲曲。河道一旦弯曲以后,就会继续发展,水流方向直冲凹岸,而凸岸的地方水流速度较慢。这样,河流在水流的长期作用下,凹岸会变得越来越凹,凸岸会变得越来越凸。

为什么雨点有大有小

在下雨天,我们会发现不同雨云所下的雨,雨点的大小是不同的。

决定雨点大小的因素,主要是由于空气中水汽含量的多少,和云中垂直运动是否强烈决定的。水汽含量越多,垂直运动越强,那么雨点就越大。

夏季,风从海洋上吹来,空气中水汽很丰富,而且地面的温度很高,空气的对流运动很强烈,大量的水汽被带到高空以后,因为温度降低,就凝结成为水滴,天空出现云块;如果对流运动十分强烈,云块就会变得很厚很大,像座大山,如果它的顶部生成了纤维状具有蚕丝光泽的云丝,说明云块已经发展到了最盛的阶段,气象上称这种云为"积雨云"。

在积雨云中,水滴很大,并且不断地相互碰撞合并,使水滴越来越大,直到云中强烈的上升气流再也阻挡不住时,它就落了下来,降到地面,成为雨。因此大雷雨时的雨点可算是最大的了。根据实地测量,暴雨时的雨滴直径一般有3~4毫米,最大时可达6~7毫米。其次,在夏季当台风侵袭中国东南沿海地区时,由于台风中也具有水汽多、对流强、云层厚的特点,因此台风暴雨的雨点也是很大的。

最小的雨点要算毛毛雨了,它的直径在0.5毫米以下。由于下毛毛雨的云层很薄,空气很稳定,水汽不很丰富,所以雨点极小,下降时飘浮不定,落到地面上也不起波纹。

但是，即使在同一个雨云中，所下的雨点大小也是不同的。这是因为雨滴是由云滴增大而成的，而原始云滴由于凝结核的大小不同，凝结发生的先后不同，大小就是不相等的，大小水滴因水汽压的不同，水分容易由小水滴转移到大水滴上去，使大水滴不断增大，小水滴也会变小。而且云中各部分的水汽含量、温度、乱流、云滴的多少、上升气流的强弱等等，都不相同，因而云滴的凝结增大速率和碰撞合并增大速率也不相同，再加上云的厚度各部分有差异，不同云滴在云中移动的时间和路程也有不同，时间久、路程长，大小云滴之间水汽转移多，碰撞合并的次数也多，使水滴的大小相差更加明显。雨滴掉出云底后，蒸发的条件也有不同。

以上的种种原因，就造成了同一个雨云中落下来的雨点大小是不同的。

为什么雷会击落树皮

雷最容易打中高耸凸出的物体，是一个常识。在一望无垠的平坦土地上，树木常常凸出在地面上，是被雷打击的最显著的目标物。

如果我们去观察一些被雷打中的树的伤痕，就会发现一些很有趣的现象，那就是枯树被雷打中后，往往会被闪电烧焦，而活树被雷打中，却往往发生了剥皮的现象，而且树皮越是细密，剥皮现象也越是明显。

闪电当然不会专门剥活树的皮、专烧枯树的，因此要找解答，应当从枯树和活树的区别上去找。

枯树不会从土壤中主动地吸收大量水分，它有时虽然受到些雨露也会变潮，但是保持水分的能力很差，太阳一晒，就会变干，即使雨水，也只能弄湿它的表面，它的细胞中，因缺水而十分干燥，所以着火点就比较低。闪电通过它时，由于温度很高，好像干柴碰到了烈火，一下子就燃烧起来，将树身烧焦、折断。

活树就不同了，它内部不断地有水分流过，"灌溉"了体内的细胞。当闪电打中活树时,首先,必然要使水分发生沸腾汽化。当树皮下面的液汁因闪电的高温而化为水汽时,体积就要大大膨胀。水在一般情况下化为水蒸气,体积要膨胀20万倍以上,这样大的膨胀,事实上是在汽化的一瞬间发生的,因此树皮就"爆炸"了开来,产生了"剥皮"现象。

为什么台风的风眼中没有风

台风是热带海洋上猛烈的大风暴,它实际上是范围很大的一团旋转的空气,边转边走,它中心的气压很低,四周围的空气绕着它的中心呈反时针方向旋转得很急。低层空气边转边向低压中心流动,空气流动速度越快,风速也越大。在台风中心平均直径约为40公里的圆面积内,通常称为台风眼。由于台风眼外围的空气旋转得太厉害,在离心力的作用下,外面的空气不易进到风眼去,所以风眼好像一根由云墙包围的孤立大管子。它里面的空气几乎是不旋转的,风很微弱。

台风眼区外的空气,向低压中心旋进,它们挟带着大量的水蒸气,由于不易进入眼区,而在眼区外围上升,形成大片灰黑色高耸的云层,下着倾盆般的暴雨。而在台风中心的眼区,出现了下沉气流,因而云消雨散,夜间还能看到一颗颗闪烁的星星。由于台风眼中常常是无云或少云的,因而在卫星云图上常呈黑色小圆点状。等到台风眼一过,天气又重新变得很恶劣,发生狂风暴雨。

台风眼内虽然没有风,但是海上的浪潮却非常汹涌。这是因为台风中心的气压,和它四周比起来降得特别低的缘故。我们在实验室里可以证明,在排气钟(一般抽排空气的器具)里面放一杯水,然后把空气抽出来。当空气抽到非常稀薄,压力减到一定程度的时候,水就好像放在锅里煮开了一样,气泡朝着上面冒。因此在台风中心登陆的地方往往引起很高的浪潮,造成很大的损害。

为什么称珠穆朗玛峰为"世界第三极"

地球上最冷的地方要数南极和北极。但是珠穆朗玛峰也是非常寒冷的地方。即使在夏季，山顶上的最高温度也在零下几十度，狂风呼啸，寒冷程度不亚于南北极。根据气象观察，珠穆朗玛峰山顶上最低温度为摄氏零下60度；最冷月份的平均温度为摄氏零下35度；全年平均气温为摄氏零下29度。人们为了形象地表达那里的寒冷，称珠穆朗玛峰为"世界第三极"。

珠穆朗玛峰从山脚到山顶，在不同高度所见到的自然景观和气候是不一样的。海拔2000米以下的河谷中，是亚热带景观。海拔2000米到海拔5000米的山坡上，是温带景观和寒带景观。海拔5000米以上的地区，是永久积雪区。

为什么说"清明时节雨纷纷"

每年4月5日(或6日)是清明节。这时春回大地，百花争艳，万紫千红，满园春色。可是，这个时候，江南一带却经常出现阴雨绵绵的天气，真是有点美中不足。所以古人说："清明时节雨纷纷。"

为什么清明时节会阴雨连绵呢？因为清明时节，正是寒冷过去，春天来到的时候。冬天，来自西伯利亚的冷空气霸占着江南，雨水较少。等到春天来到后，东南方海洋上的暖湿空气开始活跃了。当暖空气和冷空气碰到一起时，就发生冲突。冷暖空气发生冲突的地方，就会形成阴雨绵绵的天气。清明节，冷暖空气正好在江南地区的上空来来往往，十分忙碌，所以经常出现细雨纷纷的天气。

另外，江南的春天，低气压非常多。低气压里的云走得很快，风很大，雨很急。每当低气压经过一次，就会出现阴沉、多雨的天气。还有，清明前后，江南一带大气层里的水汽比较多，这种水汽一到晚上就容易凝成毛毛雨，因此清明节下雨的天气特别多。

其实，清明时节不仅雨纷纷，而且天气变化多端，经常是正午时还是阳光普照，有"暖风熏得游人醉"的感觉，可是，一到傍晚，冷空气突然南下，又像回到了冬天似的，感到寒冷。所以有"春天出门须带三季衣"的说法，这对春天天气多变作了最恰当的形容。事实上，外出旅行也确实有此需要。

为什么下雪不冷反而化雪冷

在冬季，中国各地经常受到寒流的侵袭。寒流本身就是从北向南流动的一股强烈的又冷又干的空气，当它的前缘和南方的暖湿空气一发生接触，因为冷空气比暖空气重，就会把暖湿空气抬升到高空去，使暖空气里的水汽迅速凝华成为冰晶，又逐渐增大成为雪花降落下来。

在寒流来临前，一般是南方暖湿气流很活跃，因此，天气会有些转暖。而水汽的凝华为雪花，也要放出一定热量，这就使下雪前及下雪时的天气并不很冷。

在寒流中心过境后，接着就云消雪止，天气马上变得晴朗起来。由于天空失去了云层的屏障，地面就向外放散大量的热量，这时温度降得很低。加上积雪在阳光照射下，发生融化，融化时要吸收大量的热量。根据实验，1克0℃的冰，融化成0℃的水，要吸收80卡的热量，所以大片积雪融化时，被吸收掉的热量是相当可观的。因此，人们就觉得天气反而冷一些了。

为什么喝海水不能解渴

有人曾经对海上遇险之后,在海面漂泊了3天的4000名遇难者做了一个统计,发现其中不饮海水的人只有3.3%的人死亡,而饮用海水的人死亡率竟高达39%!

海水为什么不能解渴?这是因为海水盐分很高,而且含有很多矿物质,喝了海水会使身体里的体液中矿物质浓度增大。人体为了保持体液的正常成分,就需要把过多的盐分和矿物质从尿里排泄掉。这样的排泄过程,就大大加重了肾脏的工作负担,而且在排泄过多的盐和矿物质的过程中,必然要同时排出相应数量的水分。其结果不但要把饮入的海水中的水分全部排泄掉,而且还不够,还要将人体内原来的一部分水一起排出去,造成人体严重脱水而使生命垂危。饮用海水愈多,人体脱水愈快,人便愈渴了。如果饮用海水太多,肾脏便不能完成使人体内部盐分保持平衡的任务,于是人体内部的化学平衡便会受到破坏,进一步导致中枢神经系统(脑)的伤害。这也就说明了为什么喝海水愈多,人死得愈快的道理。

不过,海水也不是绝对不能喝。在下列三个条件同时满足的情况下,可以考虑饮用海水,但不能超过五天:1.气候温暖;2.从落海后第一天起就开始饮海水;3.每天只饮500毫升,也就是每隔一个半小时饮一点点海水,一天饮用的总量为500毫升。五天之后必须恢复饮用淡水。此外,在气温25℃,相对湿度50%的温暖海面上,海水与淡水可按1:6的比例混合饮用。

为什么南极地区没有地震

南极大陆发生的地震很少,有记录的几次地震的震级也不大,因此,南极大陆是地球上最大的地震活动不明显的地区。世界标准地震记录网只记录到为数极少的地震活动。自国际地球物理年以来,已经有十多个地震台站在南极大陆工作,这些台站所记录到的局部小地震通常都是由冰山崩裂或破裂而引起的,可能是火山活动成因的小地震,与埃里伯斯山、罗斯岛及南极半岛附近的火山活动有关。

　　世界标准地震记录网,几乎可以记录到世界上所有强度大于里氏5级的地震。南极地区达到或接近这种强度的较大地震只有3次:第1次是在1952年;第2次在1974年(强度为4.9级),这两次都发生在北维多利亚地区,在此地区有一个大冰川和冰舌;第3次地震是在1985年。地震学家们认为,虽然1974年的那次地震的特征和起因与正常地质作用引起的地震相似,但这次地震可能是由冰川的运动所引发的。地震主要是由于岩层在地应力的长期作用下,发生倾斜和弯曲,当地应力超过岩层所能承受的限度时,岩层便会突然发生断裂,使岩层中巨大的能量急剧地释放出来而发生的。在南极,地面上覆盖着很厚的冰盖,它的面积达1398万平方千米,平均厚度达1720米,最厚的地方可达4200米。厚厚的冰盖沉沉地压在地面上,使地层不易发生倾斜或弯曲变形,岩层自然不会发生断裂,地震也就不会发生了。

为什么极光出现在地球两极

　　我们已经知道,极光是高空稀薄大气层中带电的微粒所致,在带电微粒流的作用下,各种不同的气体所发出的光也不相同,因此就出现了各种不同形状和颜色的极光,美丽又壮观。

　　极光大多在南北两极附近出现,而很少发生在赤道地区,这是为什么呢?原因是地球像一块巨大的磁石,而它的磁极在南北两极附近。我们所熟悉的指南针因受地磁场的影响,总是指着南北方向,从太阳射来的带电微粒流,也要受到地磁场的影响,以螺旋运动方式趋近于地磁的南北两极。所以极光大多在南北两极附近的上空出现。在南极发生的叫南极光,在北极发生的叫北极光。我国在北半球,所以在我国只能看到北极光。

为什么冰总是结在水的表面

　　大多数物体都是热胀冷缩的。水在4℃以上的时候,也是热胀冷缩,但是当它在4℃以下的时候,温度愈低,它的体积反而膨胀,直到结成冰为止。由于膨胀,冰就比同体积的水要轻一些。因此,冰总是浮在水面上,而且总是水面上先结冰。

　　应该说,冰的这种怪脾气,对人类是很有好处的。要是冰和别的物体一样,也是热胀冷缩的话,那么,天一冷,水面上结成的冰会不断向下沉,到了最后,江河、湖泊里的水,会连底都冻起来。

　　寒冷的冬天,河面上往往结着很厚的冰,甚至人还可以在上面走路或进行滑冰运动。但在冰下面的水里,鱼和虾能照样游动。为什么鱼虾不会被冻死呢?就是由于4℃的水保护了它们。

为什么山区会出现焚风

　　"焚风",顾名思义,就是火一样的风,是山区特有的天气现象。为什么山区会出现焚风呢?这是由于气流越过高山,出现下沉运动造成的。从气象学上讲,某一团空气从地面升到高空,每升高1000米,温度平均要下降6.5℃;相反,当一团空气从高空下沉到地面的时候,每下降1000米,温度约平均升高6.5℃。这就是说,当空气从海拔4000~5000米的高山下降至地面时,温度就会升高20℃以上,会使凉爽的气候顿时热起来。这就是产生"焚风"的原因。

　　"焚风"在世界很多山区都能见到,但以欧洲的阿尔卑斯山、美洲的落基山、苏联的高加索最为有名。阿尔卑斯山脉在刮焚风的日子里,白天温度可突然升高20℃以上,初春的天气会变得像盛夏一样,不仅热,而且十分干燥,经常发生火灾。强烈的焚风吹起来,能使树木的叶片焦枯,土地龟裂,造成严重旱灾。

焚风有时也能给人们带来益处。北美的落基山,冬季积雪深厚,春天焚风一吹,不要多久,积雪会全部融化,大地长满了茂盛的青草,为家畜提供了草场,因而当地人把它称为"吃雪者"。程度较轻的焚风,能增高当地热量,可以提早玉米和果树的成熟期。

在我国,焚风也到处可见,但不如上述地区明显。如天山南北、秦岭脚下、川南丘陵、金沙江河谷、大小兴安岭、太行山下、皖南山区都能见到其踪迹。

为什么会发生地震

在科学不发达的过去,人们对地震发生的原因,常常借助于神灵的力量来解释。在我国,民间普遍流传着这样一种传说,说地底下住着一条大鳌鱼,时间长了,大鳌鱼就想翻一下身,只要大鳌鱼一翻身,大地便会颤动起来。用现代人的眼光分析这种传说,简直是荒诞不经。但持这种说法的国家,并不只有中国。

例如,在古希腊的神话中,海神普舍顿就是地震的神。南美还流传着支撑世界的巨人身子一动,引起地震的说法。古代日本认为,日本岛下面住着大鲶鱼,一旦鲶鱼不高兴了,只要将尾巴一扫,于是日本就要发生一次地震。除此之外,埃及和印度也有关于地下住着动物在作怪的传说。

随着科学的进步,现在谁也不会相信这类迷信的说法了。

其实,地震就是地动,是地球表面的振动。引起地球表面振动的原因很多,可以是人为的原因,比如核爆炸、开炮、机械振动等;同样也可以是自然界的原因,比如构造地震、火山地震、陷落地震等。

按照地震的不同成因,我们可以把地震划分为五类:

(1)构造地震:世界上85%~90%的地震以及所有造成重大灾害的地震都属于构造地震。

（2）火山地震：由于火山爆发引起的地震。

（3）水库地震：由于水库蓄水、放水引起库区发生地震。

（4）陷落地震：由于地层陷落引起的地震。

（5）人工地震：由于核爆炸、开炮等人为活动引起的地震。

为什么先看到闪电听到雷

在夏天经常出现雷电交加的现象，而且是闪电过后几秒至十几秒才听到雷声。

雷电是云层在运动过程中产生的电荷在放电时产生的电火花，既有光也有声。只不过雷电中的光和声比我们生活中见到的电火花强大。之所以先看到闪电后听到雷声，是因为在空气中，光的传播速度快，很快就能到达地面，而声音在空气中的传播速度慢，过一会儿才会传到大地上来。所以就会先看到闪电后听到雷声了。实际上闪电和雷声是同时出现的。

到地面的时间相差这么多，是因为光每秒钟要传播300000千米，而声音在空气中只能每秒钟传播0.34千米。

声速只有光速的九十万分之一。你可以根据声音传到地面的时间大致判断云层到地面的高度。光到地面几乎用不了多少时间，可以认为是0，从看到闪电到听到雷声，间隔多少秒再乘以340米，就是从闪电发生的地方到你的距离了。

声音遇到云层或高大的建筑物后要产生反射，所以一个闪电后雷声一般要持续一段时间才会消失。

为什么卫星能观察到地面的情况

人造地球卫星，又称人造卫星，是一种利用运载火箭发射升空的一种人造天体，它沿轨道绕地球运行。从1957年人类第一次发射卫星以来，已经有许多颗人造卫星不断地绕地球运行,它广泛地应用于军事以及勘探、灾害预测等其他领域。

1991年的海湾战争,美军军队利用定位于伊拉克上空的军事侦察卫星,将伊军的调动以及武器布置等情况了解得一清二楚,并使得伊军始终处于挨打地位,防不胜防。那么,为什么位于几百千米高的卫星可以观察到地面的情况呢?原来,它主要通过遥感技术进行监视。遥感技术是一门新兴的综合性探测技术。它可以用传感器接收物体辐射的电磁信息,加工处理后成为可以识别的图像,用来揭示被探测物体的形状以及性质和变化动态等。因为探测距离较远,在几十千米乃至几百千米的高空,因此称此探测技术为"遥感"。

在人造卫星以及宇宙飞船或火箭上对地面进行遥感称航天遥感。卫星上的遥感设备能通过紫外以及红外或微波波段来感受地面一些物体的电磁波的反射及辐射。利用航天遥感可以在几百千米的高空迅速地收集地球表面、地表下及其四周的信息。遥感技术能应用于军事的侦察、气象的预测、地质勘探及陆地水文监测等。

遥感技术作为一种高级的探测手段,使人类的眼界提到一个新的高度,成为人类观察了解地球的"千里眼"。

为什么地球中心热,怎样测量?

地球深处的热量有3个主要来源:1.地球形成时生成的热量;2.地核物质下沉至地心时摩擦产生的热量;3.放射性元素衰变产生的热量。地球热量的释放需要相当漫长的时间。这种释放通过液态外核和固态地幔中的热"对流",以及边界层(如地球表面的板块)内速度较慢的热"传导"来实现。结果是地球原生热量的大部分被保留了下来。

总之,地球诞生之初产生了大量的能量,由于地球无法很快冷却下来,便造成了地球内部持续的高温。事实上,除地球板块像毯子一样起到保温作用外,固态地幔中的热对流也不能提供使热量得到有效释放的机制。不过,地球通过促使板块构造运动(尤其是在大洋中脊处)的过程也确实释放了一些能量。

科学家主要借助铁在超高压状态下的熔化特性来估计地球深处的温度。我们知道,地核是指位于地面以下2886公里至6371公里的部分,主要由铁构成。地核分成液态外核和固态内核两部分。如果我们能够估测铁在压力极高的内、外核交界处(离地面5156公里)的熔化温度,那么在实验室中得到的这一温度应该接近于这一界面上的实际温度。科学家在矿物物理学实验室中利用激光器和高压装置创造出了尽可能接近实际的高压和高温。实验结果显示,铁在上述状态下的熔化温度为4500K至7500K。据此,我们可以推算出地幔底部(即外核顶部)的温度,大约是3500K至5500K。

为什么地球上"三极"臭氧层破坏严重

众所周知,臭氧具有强烈吸收有害紫外线的功能,臭氧层是保护地球上生物的天然屏障。然而,随着生产力水平的发展,特别是进入现代社会以来,由于人类向大气中排放大量氯氟烃,导致地球上空的臭氧层变薄,严重地危害了人类自身以及其他生物的生存安全。

据观测,目前臭氧层破坏比较严重的地方在地球的"三极"上,即北极地区、南极地区和青藏高原的上空。而地球上的这"三极"自然条件恶劣,人烟稀少,当地人们向大气中所排放的氯氟烃数量有限,为什么"三极"上空臭氧层所受的破坏反而比较严重呢?

原来包围在地球周围厚厚的大气层,在垂直方向上可以分为五层:对流层、平流层、中间层、热层和外层。臭氧层就位于平流层当中。对流层是高度最低的一层,它和人类的关系最为密切,人类在向大气中排放的有害气体首先进入到该层当中。它的高度就是该层空气对流运动所能到达的顶端,因而其高度随纬度和地势高低而变化;赤道地区因所获得的太阳辐射较多,空气对流运动旺盛,因而对流层较高;两极地区因所获得的太阳辐射较少,空气对流运动较弱,对流层较低;南极相对于北极更冷一些,因而其对流层就更低;青藏高原虽然纬度不是很高,但由于它作为"世界屋脊"的较高的地势,使其表面温度降低,空气对流运动不够旺盛,因而对流层也较低。

正是由于"三极"地区上空的对流层也较低,相应的平流层的高度也随之降低。人们向对流层大气中排放的氯氟烃会随着大气的环流运动而到达"三极"地区的上空,正是因为"三极"的平流层较低,所以氯氟烃能到达平流层中而破坏臭氧层。实际的观测结果表明:南极平流层最低,臭氧层破坏最为严重,已经出现了臭氧空洞;北极地区臭氧层破坏较南极地区轻一些,青藏高原地区臭氧层破坏较北极地区又轻一些。

为 什 么 南 极 的 冰 比 北 极 多

南极和北极是地球上最冷的地方,那里寒风呼啸,气温很低,终年冰雪覆盖,一片银白色的世界。但事实上南极比北极更冷,冰川也更多,因为南极地区是一块大陆,储藏热量的能力较弱,夏季获得的热量很快就辐射掉了,结果造成南极的年平均气温只有-56℃。在南极大陆周围的海洋上,漂浮着大量的冰块,形成了巨大的冰山。相比之下,北极地区陆地面积小,大部分为北冰洋。由于海水的热容量大,能吸收较多的热量,而且热量散发比较慢,所以那里的年平均气温比南极要高。因此,北极的冰川比南极少,而且绝大部分积存在格陵兰岛上。

据考察,南极的冰层平均厚度为1700米,最厚处可达4000米,冰川总体积约为2800万立方千米;北极的冰层厚度约为2~4米,冰川总体积也只有南极的十分之一。

冰山是地球上的淡水资源之一。现在世界上一些缺乏水资源的国家,正在研究如何将南极的冰山运回本国,以解决当地的水荒与土地干旱。

为什么风在高处比低处刮得大

　　站在高楼或高塔上,总会感觉风比地面大,大家都有这个经验。所以在城市里,高楼上的阳台就成为夏夜的一个乘凉场所。可见风速是随高度而增大的,山顶上的风就比山脚下的风刮得大得多,这也是我们常常感觉到的。从北京观测到的资料来看,当10米高度上的风速为每秒1.1米的时候,在50米的高度上为每秒3.6米,在100米的高度上为每秒4.4米。

　　高处的风一般总是比低处的风刮得大些,但高处风速和低处风速相差多少是随天气状况而不同的。在太阳照射很强的晴天里,空气对流也强,这时高处和低处的风速相差得比较小,也就是高处虽然风速很大,低处风速也不很小。太阳照射较弱的阴天里,空气对流不强,这时高处和低处的风速相差得比较大,也就是低处虽然风速很小,甚至于没有风,但高处却有较大而且强劲的风。

　　为什么高处的风比低处的风大呢?因为空气运动要受到摩擦力的影响,在地面上的空气所受的摩擦作用最大,尤其是在起伏不平的山地,空气最容易形成涡漩运动。随着高度增加,摩擦作用减少,风速也就大增了。就是同一地区,近地面的空气温度也不一样,有的高些,有的低些。这样,在同一高度的水平面上,温度就不均匀,引起气压的不均匀(称气压梯度),可使风速增大。

为什么彗星有尾巴

　　流星雨彗星把人类恐吓了许多年代。偶尔,天空中会莫名其妙地出现一颗彗星。它的形状和其他任何天体都不相同。它模模糊糊,轮廓并不清晰,而且还拖着一个不甚分明的尾巴。在某些富于想象的人看来,这个尾巴很像是一个哭泣着的妇女的散乱头发("彗星"一词就是从拉丁文的"头发"一词变来的),因此人们认为它预示着大难将临。

到了十八世纪,人们终于确认出,某些彗星在固定的轨道上绕着太阳转动,不过,这些轨道一般都是非常扁长的。当彗星在轨道的远程时,人们看不到它们。只有当它们位于近端时——这在几十年中才有一次(也许是上百或上千年)——它们才成为可以看见的天体。

1950年,一位名叫奥尔特的荷兰天文学家提出,有一团巨大的星云,其中可能包含着几十亿颗小行星,在距离太阳一光年甚至更远的地方运行。它们比冥王星还要远一千倍,尽管它们为数甚众,我们却全然看不见它们。每隔那么一段时间,可能在邻近恒星的引力作用下,一些小行星在轨道上的运动会放慢下来,并开始朝太阳的方向落下。偶尔会有某个小行星深深地钻进太阳系的内部,在离太阳几百万公里的近处翱翔,自此之后,它就将保持自己的新轨道,成为我们所看到的彗星。

几乎与此同时,美国天文学家惠普勒也提出,彗星主要是由低沸点的物质(如氨和甲烷)构成的,同时也包含有细碎的石砾。这团彗星云在远离太阳的时候,氨、甲烷和其他物质都凝固成为坚硬的"冰块"。

这种冰冷的彗星结构,在外层空间迅速运行时是稳定的。但是,一旦它们慢了下来,向太阳靠近时,又会出现什么情况呢?当它进入太阳系内层时,会从太阳接受到越来越多的热量,使得冰块开始变成蒸汽,原先被凝在冰块表层的石砾颗粒得到了自由,结果,彗星的核心就被一团尘埃和蒸汽所形成的云雾包围起来。越靠近太阳,这团云雾就越稠密。

太阳朝四面八方刮着太阳风——一种向外奔涌的亚原子粒子云。太阳风对彗星有一股作用力,这种力超过了彗星本身的微弱引力,彗星内的尘雾云就开始被太阳风吹出来,向背离太阳的方向伸展。随着彗星接近太阳,太阳风加强了,尘雾云就成了背离太阳方向的一条长尾。离太阳越近,尾巴就越长,然而,这种尾巴是由极其稀薄的分散物质构成的。

自然,彗星一旦进入太阳系的内层空间,就不会长期存在下去。每靠近太阳一次,就造成一次物质损失。这样,转了几十次以后,彗星就变成了很小的石头核,或者干脆碎裂成小陨石团。有一些这样的陨石团正在确定的轨道上围绕太阳运行。当它们在地球的大气层里穿过时,就会出现壮观的"流星雨"。这些无疑是彗星的遗骸。

为什么飞机在空中不会被雷击

由于机壳大部分皆是导体,因此当飞机遭雷击时,电流会经由机壳流过,并由机身或机翼伸出的避雷针放电,并不会进入导体内部伤害到里头的乘客,但强电流所形成的磁场,对机上的电子或电气系统会有影响。平均而言,飞机每飞行数万小时就可能会遭雷击一次,还好这强大的电流只会平顺地流过机身或机翼表皮,留下小小的烧蚀洞或缺口,对飞行并无大碍。现代新型的飞机都具有密封性佳、防止火花引爆的结构油箱。

如果是小型飞机,机身累积的电荷不会太多,在飞行途中,机翼尖端便可自行放电。但如果是大型飞机,就会在飞机主翼或尾翼装上"静电释放器",它能够经由尖端放电,在飞行时将过量累积的静电荷释放至大气中,有的飞机的静电释放器甚至多达10个以上。

为什么山洞有冷也有热

我们知道,在石灰岩地区的山洞,那深邃的洞身,曲折的走廊是那么奥妙,轰鸣的瀑布又是那么惊心动魄,矗立在洞内的石笋和一串串倒挂着的钟乳石,奇丽多姿的五彩云,构成一幅幅美丽的图画,吸引着无数的游客。

更有趣的是这些山洞,有的是寒气袭人,有的却温暖异常,在同一个时间里进去,仿佛是经历了两个季节。宜兴的善卷洞,有上洞、中洞和下洞之分,当你从中洞进去,登级至上洞,使人感到温暖如春;若逐级而下进入下洞，又会感到寒气逼人。金华的双龙洞和冰壶洞里，气温也有显著差别，洞口朝下的双龙洞里温暖宜人，洞口向上的冰壶洞却是凉爽异常。

为什么山洞有冷又有热呢？原因就是冷、暖空气比重不同的缘故。冷空气较重而下沉，暖空气较轻而上升。洞口向下的山洞里，较轻的暖空气充塞其中，不能流出，因而显得格外温暖，成为"暖洞"；洞口朝上的山洞里，冷空气钻入洞内，越积越多，好像天然的冷空气库，这样的山洞就成了"冷洞"。

宜兴的善卷洞除有这种冷暖不同的特点外，在上洞还常常可以看到雾气弥漫的"云雾大场"。这种云雾就是洞外的冷空气和积存在洞内上部的热空气相遇，而形成的奇妙景色。

为什么海水是咸的

海水是盐的"故乡"，海水中含有各种盐类，其中90%左右是氯化钠，也就是食盐。另外还含有氯化镁、硫酸镁、碳酸镁及含钾、碘、钠，溴等各种元素的其他盐类。氯化镁是点豆腐用的卤水的主要成分，味道是苦的，因此，含盐类比重很大的海水喝起来就又咸又苦。

如果把海水中的盐全部提取出来平铺在陆地上，陆地的高度可以增加153米；假如把世界海洋的水都蒸发干了，海底就会积上60米厚的盐层。

海水里这么多的盐是从哪儿来的呢？科学家们把海水和河水加以比较，研究了雨后的土壤和碎石，得知海水中的盐是由陆地上的江河通过流水带来的。当雨水降到地面，便向低处汇集，形成小河，流入江河，一部分水穿过各种地层渗入地下，然后又在其他地段冒出来，最后都流进大海。水在流动过程中，经过各种土壤和岩层，使其分解产生各种盐类物质，这些物质随水被带进大海。海水经过不断蒸发，盐的浓度就越来越高，而海洋的形成经过了几十万年，海水中含有这么多的盐也就不奇怪了。

为什么飞机上不能使用手机

移动电话正逐渐普及,但唯独在飞机上不能使用。

1996年7月11日,中国南方航空公司一架由上海飞往广州的飞机正在准备降落时,因几位乘客使用移动电话,差一点偏离航向而发生事故。据统计,近年来世界范围内每年都发生20多起类似的飞行事故,因此世界上许多航空公司规定,飞机飞行时禁止使用移动电话。

为什么在飞机上打移动电话很危险呢?原来,飞机在高空中是沿着规定的航向飞行的,整个飞行过程都要受到地面航空管理人员的指挥。在高空中,飞行员一边驾驶飞机,一边用飞机上的通信导航设备与地面进行联络。飞机上的导航设备是利用无线电波来测向导航的,它接收到地面导航站不断发射出的电磁波后,就能测出飞机的准确位置。如果发现飞机偏离了航向,自动驾驶仪就会立即自动"纠正"错误,使飞机正常飞行。

当移动电话工作时,它会辐射出电磁波,干扰飞机上的导航设备和操纵系统,使飞机自动操纵设备接收到错误的信息,进行错误的操作,引发险情,甚至使飞机坠毁。

除移动电话外,使用寻呼机、笔记本电脑、游戏机时也会辐射电磁波,因此这些设备也不宜在飞机上使用。

为什么方程式赛车模样怪

看过方程式赛车比赛的人,无不为它的紧张、刺激所吸引,但又对它奇特的外形感到不解。它的车身比一般的车矮得多,前面有一块像鸭嘴一样的薄板,车轮还特别宽大。你可别小看了这些奇怪的"装扮",这可是汽车设计师为了提升赛车的速度,精心为它们"打造"的外形呢!

方程式赛车的车身特别低,这有利于减少空气的阻力。但是即使采用扁平的流线型车形,赛车在高速行驶时,仍有一部分迎面而来的气流会"钻"入车底,产生一股巨大的升力,对赛车的控制不利。赛车前面那块像鸭嘴的薄板叫扰流板,在赛车的车尾也有一块,它们能防止气流向下钻,使气流改从车顶上方通过。这一方面减小了对赛车的升力,另一方面又增强了赛车轮胎和地面的附着力,提高了赛车操纵的稳定性。赛车的车轮又宽又大,也是为了增强与地面的附着力。在急转弯或加速时,赛车的重量主要落在后轮上,因而赛车的后轮还要宽大。为了尽可能地加大轮胎与地面的接触面积,赛车车轮上没有任何花纹和沟槽。所以,赛车在比赛中,轮胎磨损特别严重,一场比赛往往要更换几次轮胎。

为什么潜水艇能在水中航行

在水中,任何物体都会受到重力和浮力的影响。如果重力小于浮力,物体就会漂浮在水面上;如果重力大于浮力,物体就会沉入水中。当重力和浮力相等或相差较小时,物体就能"悬浮"在水中一定位置。潜水艇就是通过改变重力和浮力的差值,实现既能在水面航行,又能下沉到海洋深处潜航的功能。

当物体的体积一定时,它在水中所受到的浮力就是某个固定的值。由于潜水艇的外形是不变的,因此它只能通过改变自身的重力来实现下潜上浮。科学家在设计潜水艇时,给它做了内外两个壳体。在内层壳体和外层壳体之间的空隙中,分隔出若干个水舱,称为压载水舱。每个水舱都装有进水阀和排水阀。只要打开进水阀,让海水进入压载水舱,潜水艇的重量就会增加。当重量大于潜水艇所受的浮力时,潜水艇将逐渐下沉。只要控制好潜水艇的重量,就能让它悬浮于水中任何深度。当潜水艇需要上浮时,先关闭进水阀,打开排水阀,再用高压空气将压载水舱中的海水排出去,使潜水艇所受的重力比浮力小,它就会浮出水面。

为什么飞机要装"红绿灯"

在晴朗的夜空中,有几点红、绿、白色的灯光缓缓地飞过,同时还传来一阵隆隆的声音。这是飞机在夜空中飞行。

飞机在天空中飞行时,尽管天空非常广阔,但由于飞行速度很快,因此仍然可能发生对撞事故。为了避免这种危险,飞行员必须时刻关注自己前后左右和上下方有没有飞机在飞行,及时判断是否存在事故隐患。"红绿灯"就是飞机上的航行灯,它为飞行员起到导航的作用。每架飞机上都装有3盏航行灯,在飞行员左侧机翼尖上的是红灯,右侧机翼尖上的是绿灯,机尾上装有一盏白灯。

飞机在夜间航行时,必须打开航行灯。如果飞行员能同时看见三盏灯,这说明在自己的上空或下方有飞机在飞行,这时是没有危险的。如果只能看到红色和绿色的航行灯,说明有一架飞机正在迎面飞来,有对撞的危险,要设法避开。如果只能看见一盏红灯或绿灯,那说明在左侧或右侧有飞机在飞行,只要不偏离航线是不会相撞的。

当遇到有雾的天气,光靠航行灯是不够的,这时飞行员就得借助飞机上的雷达来判断附近飞机的航向和距离。根据雷达不断向周围发射出的无线电波,飞行员可及时调整飞机的航向和速度,以免发生撞机事故。

为什么飞机发生意外时要找黑匣子

"黑匣子",其实就是"飞航记录器"。黑盒子是飞行安全上一个非常重要的仪器,它通常被装设在飞机的机尾。里面装有飞行数据记录器和舱声录音器,飞机各机械部位和电子仪器仪表都装有传感器与之相连,这好比人体各部位的神经与大脑相通一样。它能把飞机停止工作或失事坠毁前半小时的有关技术参数和驾驶舱内的声音记录下来,需要时把所记录的参数重新放出来,供飞行实验、事故分析之用。黑匣子具有极强的抗火、耐压、耐冲击振动、耐海水(或煤油)浸泡、抗磁干扰等能力,即便飞机已完全损坏,黑匣子里的记录数据也能完好保存。世界上所有的空难原因都是通过黑匣子找出来的,因此它就成了事故的见证,也成了"前车之鉴",避免同样事故发生,更好地采取安全措施。

根据欧洲的标准,黑匣子必须能够抵受2.25吨的撞击力,在1100℃高温下10小时仍不会受损。要符合以上的标准,黑匣子通常是用铁金属和一些高性能的耐热材料做成。黑匣子并非是黑的,而是常呈橙红色,主要是为了颜色醒目,便于寻找。外观为长方体,当飞机失事时,黑匣子上有定位信标,相当于无线电发射机,在事故后可以自动发射出特定频率,以便搜寻者溯波寻找。

为什么蔬菜要洗了再切

人体的生命活动,必须依靠经常的食物来维持。食物中蛋白质、脂肪、碳水化合物固然是重要的,而只占日常食物总量的百分之几以至千分之几的无机盐类,如钾、钠、铁、碘、磷、镁等也都是人体少不了的物质。

无机盐和维生素在蔬菜里含量非常丰富,特别是能在水里溶解的无机盐、维生素B和维生素C等含量更多。人体每天需要的无机盐和水溶性的维生素,有极大部分来自蔬菜,像辣椒、苋菜、菠菜等,就含有大量的维生素C,菠菜还含有大量的铁质和维生素A。正因为无机盐和有些维生素能在水里溶解,当我们把菜切碎了再洗的时候,水溶性无机盐和维生素就会被水洗掉,减少了蔬菜的营养价值,特别是有些维生素容易被空气中氧气所氧化破坏。

因此切了以后,放置较长时间也会降低维生素含量。

为什么停车讯号用红色

我们知道,光线通过空气时会发生散射,对于相同的媒质来说,光线的波长越短,散射作用越强,光线的波长越长,散射作用就越弱。

在所有的可见光中,红光的波长是最长的,它约为紫光的 1.7 倍,所以空气对红光的散射作用最弱,它可以传得较远。特别是在下雨或大雾的天气里,空气的透明度大大降低,这种作用就更为明显。

用红色讯号灯作为停车讯号,可以使司机在比较远的地方看到讯号,制动车子,减速慢行;如果司机在近处才看见停车讯号,由于车的惯性作用是停不住的,极易发生危险。另外,红色会引起人的视神经细胞的扩展反应,是一种使人兴奋的扩张色,所以红色讯号灯比较醒目,这也便于提醒司机及早刹车,防止事故发生。红色讯号灯不仅可以作为停车讯号,还可以作为各种危险、警示讯号。比如,在城市的某些高大建筑物的顶上常要装设红灯,这一盏盏的红灯可以保障夜航飞机的飞行安全,防止撞机事故的发生。另外,还可以作为公安消防部门的标志。

为什么蓄电池能蓄电

有些电池能反复充电、放电,人们把这类电池称作蓄电池,又叫做二次电池。蓄电池是电池中的一种,它的作用是能把有限的电能储存起来,在合适的地方使用。它的工作原理就是把化学能转化为电能。它用填满海绵状铅的铅板作负极,填满二氧化铅的铅板作正极,并用 22%~28% 的稀硫酸作电解质。在充电时,电能转化为化学能,放电时化学能又转化为电能。铅蓄电池是能反复充电、放电的电池,叫做二次电池。它的电压是 2V,通常把三个铅蓄电池串联起来使用,电压是 6V。汽车上用的是 6 个铅蓄电池串联成12V的电池组。铅蓄电池在使用一段时间后要补充硫酸,使电解质保持含有22%~28%的稀硫酸。

蓄电池的应用十分广泛,较常见的是用在汽车上。还可用于UPS,电动车,滑板车,汽车,风能太阳能系统,安全报警等等方面。目前在通信、家电上用得较多的是小型的全封闭蓄电池,如镍镉电池、镍氢电池、锂电池等。

为什么盐水的沸点高

液体状态下的水分子往往会相互附着在一起形成水滴、池塘或者海洋。但是,能量很高的水分子可以克服这种将它们与其他水分子黏合在一起的力量,脱离液体表面成为水蒸气。在任何时候都会有一些水分子脱离水的表面,这种现象被称为"蒸发作用"。

随着水温的增加,具有足够能量脱离水面的水分子的数量也在增加。当脱离液体表面的水分子所产生的压力超过周围空气的压力时,水就沸腾了。通过给水加热的方法增加水的能量并使水温达到100摄氏度以后,水通常就会开始沸腾。但是,在你向水中加盐以后,问题就变得更为复杂了。氯化钠(精制食盐)很容易溶于水,同时分解成钠离子和氯离子,并且在液体的内部扩散开来。现在水分子如果要变成水蒸气,就需要在脱离其他水分子吸引的同时摆脱钠离子和氯离子的束缚。因此它需要有更多的能量,所以产生水蒸气所需的温度也更高。

为什么穿丝绵衣服比穿棉花衣服暖和

棉花保暖的道理,是依靠棉纤维之间的空气层,阻拦着外界冷空气吹到身上,同时还阻止身体中发出来的热量不流散出去,因此人穿了棉衣后就觉得温暖,事实上棉衣本身不会给人温暖,它只起了绝缘作用。

无论什么物质,只要有一寸的厚度,并且中间有成千上万个静止的空气洞,那么这种物质就可以保暖。丝绵的纤维直径比棉花纤维还要细,同样厚度的丝绵袄,要比同样厚度的棉袄可以包涵更多的静止空气,这样,丝绵的绝缘效果就比棉花强,穿在身上也就感到比棉花袄暖和得多了。

同样的道理,譬如一条盖了很久的棉被,经过日光晒过以后,盖在身上就会觉得更暖和,这是由于盖久了的棉被,棉花纤维被人身体压得结实了,压出了很多空气,同时人体的湿气也跑进纤维里,这样一来,作为绝缘用的空气就少了,所以绝缘的效果也慢慢地差了。但一经阳光晒过后,一方面蒸发了留在纤维间的水分而使纤维软松了,同时使纤维之间又恢复了原来的静止空气,这样棉被的绝缘保暖作用又恢复了。

为什么水果能解酒

不少人知道,吃一些带酸味的水果或饮服1~2两干净的食醋可以解酒。什么道理呢?

这是因为,水果里含有机酸,例如,苹果里含有苹果酸,柑橘里含有柠檬酸,葡萄里含有酒石酸等,而酒里的主要成分是乙醇,有机酸能与乙醇相互作用而形成酯类物质,从而达到解酒的目的。

同样道理,食醋也能解酒是因为食醋里含有3~5%的乙酸,乙酸能跟乙醇发生酯化反应生成乙酸乙酯。

尽管带酸味的水果和食醋都能使过量乙醇的麻醉作用得以缓解,但由于上述酯化反应在体内进行时受到多种因素的干扰,效果并不十分理想。因此,防醉酒的最佳方法是不贪杯。

为什么果实成熟后会掉下来

果实成熟后,如果不及时采摘,大都会自行脱落,这并不是因为果柄太细,不堪果实的重负,而是因为果实必须落到地上,才能发芽生根,长出新的果树来。为了繁殖后代,当果实成熟时,果柄上的细胞就开始衰老,在果柄与树枝相连的地方形成一层所谓"离层"。离层如一道屏障,隔断果树对果实的营养供应。这样,由于地心的吸引力,果实纷纷落地。

树上的果实熟透了,就落到地下。这种现象从来没有引起人们的注意。可是,英国科学家牛顿却受苹果落地的启示发现了万有引力定律。牛顿认为,苹果落地是因为苹果与地球之间有吸引力。这种吸引力不但存在于苹果和地球之间,而且存在于地球与太阳之间,地球与月亮之间。总之,地球与任何物体之间都存在吸引力,这种吸引力叫做万有引力。任何物体都受到地球的吸引,所以物体才有重量,它是万有引力的一种。物体之间万有引力的大小,取决于物体的质量,物体的质量越大,彼此之间的万有引力也越大。太阳和地球的质量都很大,它们之间的万有引力也很大。既然任何物体之间都有万有引力,为什么我们感觉不到周围物体对我们有吸引作用呢?那是因为比起地球和太阳来,人的质量太小了,所以引力也微小,人无法感觉出来。例如两个体重都是85千克的胖子相距1米时,他们之间的万有引力还不及一只蚂蚁力气的1%。

为 什 么 铁 会 生 锈

铁,的确容易生锈。每年,世界上有几千万吨的钢铁,变成了铁锈。

铁容易生锈,除了由于它的化学性质活泼以外,同时与外界条件也极有关系。水分是使铁容易生锈的条件之一。化学家们证明:在绝对无水的空气中,铁放了几年也不生锈。然而,光有水也不会使铁生锈。人们曾经试验过,把一块铁放在煮沸过的、密闭的蒸馏水瓶里,铁并不生锈。

河边的那些自来水管常常是上边不锈,下边不锈,只是靠近水面的那一段才生锈。原来,只有当空气中的氧气一旦溶解在水里,才会使铁生锈。在靠近水面的部分,与空气距离最近,水中所溶解的氧气也最多,所以容易生锈。空气中的二氧化碳溶在水里，也能使铁生锈。铁锈的成分很复杂，主要是氧化铁、氢氧化铁与碱式碳酸铁等。铁锈是一种棕红色的物质，它不像铁那么坚硬，很容易脱落，一块铁完全生锈后，体积可胀大8倍。

为什么要重视含钙食物摄入

人体内的矿物质以钙的含量为最多，约占体重的2%，其中99%集中在骨骼和牙齿中，1%存在于身体的软组织和血液中。孩子正处在生长发育阶段，钙的需要量相对比较高，如果钙摄入不足，就会使骨骼生长不完全，牙齿不坚固。此外，钙还与血液的凝固、维持神经和肌肉的正常兴奋性有关，钙还是细胞生物膜的重要组成成分，是细胞生命活动启动的调节者。

但是，最近的调查显示，无论成人还是儿童，从饮食中获得的钙仅仅为每天需要量的一半多一点。轻度缺钙时，身体会自己进行调节，把骨骼中的钙动员出来，使血钙维持在正常水平，人体也没有不适的感觉。只有当血钙明显降低时，才会出现抽筋，甚至使心跳和呼吸停止。

因此，要重视日常饮食中钙的摄入。牛奶及奶制品中钙的含量较高(每220毫升的牛奶中含钙200~250毫克)，每100克虾皮中含钙也高达1760毫克。豆类及豆制品中钙的含量也比较高，但是吸收较差一些。蔬菜中含钙也比较高，但有些蔬菜，如苋菜、菠菜中存在大量的植酸及草酸，影响了钙的吸收。

钙的吸收还有赖于维生素D的存在，所以平时要保证摄入一定量的维生素D(也可以通过阳光直晒皮肤而产生内源性的维生素D)。如果通过膳食来补充钙还不能满足机体需要，可考虑服用含钙的药品或保健品。

为什么要提倡吃一些粗粮

现在餐桌上的主食变化不小,米饭愈来愈白,面粉越来越精,而粗粮和杂粮很少见到。古话说:"五谷为养。"意思是粗细粮均有丰富的营养,搭配吃对健康有利。

谷粒经加工去壳后,谷粒最外面的一层丢失了,而这一层含有较多蛋白质、脂肪及各种矿物质、维生素(尤其是维生素 B1)。剩下的谷体中,主要成分是淀粉、维生素及含量极低的无机盐。所以,谷粒加工越细,丢失的蛋白质、维生素及矿物质越多。小麦在碾磨加工过程中的情况也是如此。

平时饮食中维生素 B1 的来源主要从米、面中获得。严重缺乏维生素 B1,会出现脚气病,四肢麻木,活动障碍,心脏扩大,心力衰竭,全身水肿;轻的会出现四肢肌肉无力,胃口差,消化不良等。

米、玉米、面粉中赖氨酸的含量少,而黄豆、青豆等豆类中的赖氨酸含量比较多。如果细粮、粗粮、杂粮搭配吃可以起到营养素的互补作用,并且提高蛋白质的利用率。另外,粗粮、杂粮及豆类中的膳食纤维素含量丰富。纤维素不但能刺激胃肠道的蠕动,促使每日排便,纠正慢性便秘,而且对心血管疾病、糖尿病及肠癌都有一定的预防作用。

通过粗粮细做,改变口味,经常换花样等方法,是能让孩子喜欢吃粗粮的。

为什么听到尖锐的声音就觉得刺耳

我们的各个感觉器官,不论它所感受的是光线或者是声音,对于刺激都有一定的要求,太弱或太强的刺激都不合适。

那么,什么样的声音才是最适合我们耳朵的声音呢?要了解这个问题,先对声音这个东西有一定的认识。声音是一种波动,所以又叫声波,声波的性质主要是由两个因素来决定。一个声音的要素叫做频率。频率是指声波每秒钟振动的次数,振动次数少的是低音,次数多的是高音,所以频率代表的就是声音的高低(或说是声音的尖粗)。人的耳朵所能感受的最低音是每秒钟振动16次的声波,最高音每秒振动2万次,但是,这是人耳对频率要求的极限。平时我们听起来最舒服的声音是在每秒钟振动250~400次的范围以内,太低或太高的声音听起来都不舒适,尤其是很高的声音(也就是尖声音)听起来更刺耳。

另一个声音的要素叫做强度。强度就是声音的大小,太强的声音不但听了难受,而且还会使耳内发痛,甚至使鼓膜破裂。

所以如果声音很尖(频率高)而且强度很大,两个不利的条件在一起,听起来当然很难受,很刺耳。

为什么成年男女的声调不一样

大家都知道,女人的声调一般比男人"尖高"。为什么呢?人的解剖结构告诉我们,男人和女人的声音之所以听来会有音色上的差别,原因是女人的发音器官一般比男人的小。人怎么会发出声音呢?正如一般簧管乐器(即唢呐、双簧管之类)能发出声音的道理一样。人之所以能发出声音,是因为喉咙的内部有一对能振动发音的声带(其作用等于簧管乐器的管)。声音是声带和喉腔的空气柱一起振动产生的。

当然,发响音的时候,声带振动很厉害,参加振动的空气柱就不只限于喉腔部分,而往往包括咽腔,有时甚至包括口腔或鼻腔的后部。音色也是声带与共鸣腔共同造成的。

科学家们发现,由于性别不同造成的发育差异,女人的喉器一般比男人的小,声带也比男人短而细。

不论什么乐器,凡是起共鸣的部分,体积比较大的,发出的声音音色总比较沉厚;体积比较小,音色总比较尖高。例如,同样拉一个音,小提琴的声音总比大提琴尖高;同样吹一个音,短笛的声音总比长笛尖,唢呐的声音总比双簧管尖高。

依此类推就不难理解,一般女人的喉器既然比男人的小许多,声带又比男人的短三分之一,那么,声音的音色自然会比男人的尖高。

为什么有些人脸上有酒窝

皮肤本身不会抖动或者装出表情来,只有当它紧密地依附着肌肉,依靠肌肉运动,它受到牵连而抖动才有表情。这种肌肉,我们叫它皮肤肌。人类的皮肤肌已经大量退化,只保留了脸部的,分布在眼、鼻、口的周围和面颊。这些肌肉的运动与思想和言语联系密切,时刻反映出人们的情态和心理活动,所以又叫表情肌。

表情肌运动非常敏捷。当我们发现有异物向眼睛飞溅过来时,眼皮会突然闭合;当我们碰到一个难题但又想不出答案时,额头就会出现许多皱纹……这些,是眼睛周围的表情肌和额头的表情肌收缩时牵动皮肤的缘故。

在口周围,有许多表情肌,如口轮匝肌、颊肌、颧肌、笑肌等,当人们微笑的时候,这些肌肉同时发生收缩,肌肉之间就出现了暂时的间隙,并牵动皮肤,出现相应的凹窝。笑肌比较丰满、脸部皮下脂肪比较多的人,便伴随着微笑出现了酒窝。

酒窝不是人们的表情,仅是微笑的副现象。

为什么有些人怕辣，有些人不怕辣

我们对食物的美味是通过味觉和嗅觉来感受的。感受味觉的细胞是味蕾，它在舌头上的分布是不均匀的，主要是舌边和舌尖部位。在口腔部位的黏膜也有散布的味蕾。味蕾的感受细胞是一种毛细胞，也称为味细胞。

中国古代医学把人的味觉分为酸、甜、苦、辣、咸五味。其中"辣"并非由味觉细胞所感受，而是口腔的神经末梢受到某些化学性刺激而产生痛觉，并与其他味觉混合而成的一种综合感觉。

人的味觉可以因年龄或饮食文化而有不同，例如大人较小孩子能吃辣，四川人习惯了无辣不欢。不过，有些人总是特别喜欢吃辣，那就是由于后天饮食习惯而养成的。人在最初吃辣的食物时，往往由于不适应而显得狼狈不堪，但经常吃之后，在长期的这种较强的化学因素刺激下，味蕾一方面对辛辣食物的刺激有较高的适应性，另一方面对辛辣食物也有了依赖性，只有在辣味的刺激下，饭菜才香。久而久之，有吃辛辣食物习惯的人愈吃愈辣，愈辣愈想吃。

为什么手指浸得久了会皱皮

皮肤除了可以保护身体的内部器官外，更担当着多种功能。包括减少水分流失，维持正常体温，储存养分及排泄部分的废物、盐分和水分等。

皮肤是身体的保护层，可是它并不是密不透水的，少量水仍可自由进出皮肤。最明显的例子就是当我们游泳或洗澡后，手指头的皮肤会出现皱皮的现象。皱皮就是渗透作用的结果。那么，什么是渗透作用呢？

假设有两杯不同浓度的盐水，现将它们放在同一个器皿内，中间用透水的薄膜分隔开来。由于浓度不同,水分会从浓度低的盐水经薄膜流进浓度高的盐水中,这个就是渗透作用。

回到原来的问题。由于身体内的液体浓度较淡水为高,但较海水为低,因此当手指头浸在淡水一段时间,水分便会流入皮肤的表皮细胞,细胞因此发胀而变形。相反,当我们在海中游泳,水分便会从表皮细胞流出体外,细胞亦因而收缩变形。此外,皮肤底层有一束束的、富弹性的蛋白质(或称胶原)跟表皮细胞是紧密地粘在一起的,致使手指头的皮肤收缩或发胀不均匀,因而出现皱皮的现象。

为 什 么 头 发 会 脱 落

正常人体大约有10万根左右的头发,每天脱落50~100根头发,这是属于正常现象。但如果超过100根,就是脱发病。

导致脱发的因素有许多,如遗传因素,如果父母之中有秃发者,则多数子女也可能发生秃发;精神刺激,长期疲劳或工作压力过重,精神受到强烈刺激,严重失眠会引起脱发;饮食因素,嗜食烟、酒、咖啡者容易脱发,因为酒内含有酒精,烟和咖啡含有尼古丁、咖啡因等麻醉成分,太多吸食使血管硬化,弹性减弱,影响血液循环,导致头皮供血不良,造成脱发。其中一些病理性因素引起的脱发最为常见,如急慢性传染病、各种皮肤病、内分泌失调、理化因素、神经因素、营养因素等,均可造成脱发。

在医学上,根据脱发患者的临床表现,可分为暂时性脱发和永久性脱发两大类。暂时性脱发是指因各种原因使毛囊血液供应减少,或者局部神经调节功能发生障碍,导致毛囊营养不良(但无毛囊结构破坏)而引起的脱发。经过对症治疗,待毛囊营养改善后,新发又可再生,并有可能恢复原状。常见的暂时性脱发有斑秃、全秃、脂溢性脱发、病后脱发、药物脱发等。

为 什 么 必 须 血 型 相 同 才 能 输 血

人体有10余个血型系统,其中最为重要的是ABO血型系统和Rh血型系统,尤其是ABO血型系统。输血时必需血型相同,并且供者的血和受者的血相互配合才能进行,否则输血后可造成不同程度的输血反应。原因可从ABO血型系统和人体免疫反应两个角度予以阐明。

ABO血型系统共有A型、B型、AB型和O型4个血型,前三者还有亚型。确定血型的根据是红细胞表面称为血型抗原的糖蛋白分子。红细胞表面有A抗原者为A型,其血浆中有抗B抗原的抗体(简称抗B抗体);红细胞表面有B抗原为B型,其血浆中有抗A抗原的抗体(简称抗A抗体);兼有A抗原和B抗原为AB型,血浆中无抗A、抗B抗体;红细胞表面无A抗原和B抗原为O型,但其血浆中却有抗A、抗B抗体。

免疫学的一条规律是抗原与其相对应的抗体可以发生特异性结合,形成抗原抗体复合物,(如A抗原与抗A抗体、B抗原与抗B抗体),此种复合物在血浆中受补体(血型中另一种球蛋白)的作用下,抗原所在的红细胞可以发生溶解而出现溶血现象。因此,异型输血(即血型不相同间输血)如将A型者的血液输给B型者的体内,则此B型受血者体内便可存在两对抗原抗体复合物,第一对为受血者本身的B型红细胞与供血者A型血浆中的抗B抗体,另一对为供血者的A型红细胞与受血者血浆中的抗A抗体。这两对复合物在补体蛋白的作用下,供者与受者的红细胞可发生溶解,出现以溶血反应为主的输血反应,临床可见到畏寒发热、黄疸、肝脾肿大、血红蛋白尿、贫血等症状。因此,任何人输血前必须验血型,血型相同且相互配合者才能输血。

为什么肚子饿了会咕咕叫

肚子刚刚饿时,通常只不过上腹部有种说不出的不舒服和空虚感觉,等肚子饿得相当厉害时,就会咕咕叫,这是为什么?

食物在胃中消化将近完毕时,胃液仍旧继续分泌,由于胃里空了,胃的收缩就逐渐扩大和延长。空胃猛烈收缩的冲动由传入神经至大脑,就引起饥饿感觉,我们将这种猛烈的胃部收缩运动,称为"饥饿收缩"。当胃作饥饿收缩时,胃内的液体和吞咽下去的气体在胃内不得安稳,结果就会发出咕咕叫的声音。

此外还有一种情况:饿的时候,想吃而没有吃,等到饿过头以后,却反而吃不下东西,这又是什么道理呢?这是因为饥饿收缩是周期性的,在饥饿时胃的强烈收缩只不过延续半小时左右,随后也就进入平静期,再这么延续半小时到一小时,随着胃收缩的停止,饥饿的感觉也就消失。

饥饿感和食欲常常同时发生,肚饿时就想吃东西,并且饥不择食,随便什么东西都好吃。饥饿感和食欲也常常一起消失。根据研究,食欲的产生与胃壁平滑肌紧张度很有关系。当胃壁平滑肌紧张度降低时,食欲减退,当胃壁肌紧张度降低后,食欲往往也随着饥饿感的消失而消失。所以,饿过头以后,反而会吃不下东西,同时也不想吃任何东西。

为什么鼻子和耳朵最怕冷

人是温血动物,身体的温度经常维持在37℃左右,外界空气温度太低时,身体的热量被空气吸收跑了,人就会感觉冷。如温度到0℃以下而不加保暖,血液就会凝固,身体组织就会冻坏。但是,没有人会这样笨,在大冷天光着身子,人们会穿上厚厚的棉衣、皮袄、鞋、袜、帽子等来保暖。但是,头部却不能像躯干那样可以用厚厚的衣服紧紧地包围起来。因为头部有眼、耳、口、鼻，需要它们来看东西、听声音，说话和呼吸。所以，脸部的保暖要比较困难一些。

其次，鼻子和耳朵突出于头部的表面，它们的体积小，而接触空气的面积大，所以热量很容易发散。比如说，大水壶里的开水不容易冷，假如倒在小杯子里，水一会儿就凉了，正是这个道理。尤其是耳朵，它只是薄薄的一片，两面都是皮肤，与空气接触，耳朵上很少的热量很快就被冷空气吸收光了，所以耳朵和鼻子比较，耳朵更容易冻坏。不少住在北方的人，冬天耳朵会生冻疮，而冻坏鼻子的却很少。

此外，血液从心脏出来时，温度比较高，越向外流，温度就越低。手指、脚趾、鼻尖、耳朵处于末梢的地位，血液流到这些地方时，温度本来就比较低，再加上热量容易发散，保暖又比较困难，所以鼻尖和耳朵最容易受冻。

为什么食人鱼特别凶猛

在南美洲亚马孙河流域有一种小鱼，才20厘米左右长，身体扁扁的，银白色的鳞片夹杂着褐色斑点，看上去毫无凶相，也不太引人注目，然而它却是世界上最凶恶的鱼——食人鱼。

食人鱼满嘴巴长着三角形牙齿，比剃刀还锋利，它不仅疯狂攻击水中动物，还会跃出水面攻击大型水鸟。食人鱼对血特别敏感，一丝血水、一点点血腥味就会使它们成群结队地赶来。可以这样说，凡是有食人鱼的河流，就成为令人恐怖的河流。因为，陆上动物如果不幸落入这样的河中，用不了几分钟，刚才还活蹦乱跳的大型动物，一下子就变成一副骷髅。它们甚至还攻击同类，如果食人鱼吞下鱼钩上的鱼饵无法挣脱的话，凶残贪婪的同伴很快会把它的骨头都吃得精光。

由于食人鱼的牙齿异常锋利，南美洲的土著居民常常把它的牙齿拆下来,做成锋利的箭头来打猎。此外,当地人还有水葬的风俗,他们把死者放入河中让食人鱼吃掉,认为这样灵魂就会升天。

为什么吃河豚会毒死人

河豚在中国约有15种,从鸭绿江到珠江都能发现它们的踪迹。每年春季河豚从大海游到江河,在那里产卵,鱼卵在江河中卵化成长,来年春天又成群结队地游向大海。所以渔民在捕鱼的时候,也会捕到一定数量的河豚。

河豚体内有一种耐酸、耐高温的生物碱,叫做"河豚毒素"。这种河豚毒素分布在河豚鱼的肝脏、血液、皮肤以及生殖腺内。人吃了这种毒素后就会神经麻痹、恶心、呕吐、四肢发冷,最后心脏跳动和呼吸活动完全停止而死亡。河豚死的时间一长,毒汁还会从生殖腺渗入到各部分组织中去,不容易洗掉,所以死烂的河豚毒性更大。

河豚虽然有毒,但某些专业的厨师在处理时,仔细地把河豚剥了皮,除掉内脏血液,经过洗刷清洁,再放到清水里浸泡一些时间,然后煮熟就不会中毒。沿海地区的人民,在春末夏初,往往把河豚腌成鱼干,不吃鲜肉,以防万一。

河豚虽然不能随便食用,但是"河豚毒素"可以提炼出来制成药物。而且提炼后的河豚内脏还可以当做肥料。

为什么蜗牛爬过的地方会留下一条涎线

蜗牛是生活在陆地上的腹足类软体动物。爬行时用它的足紧贴在别的物体上,足部肌肉作波状蠕动,缓慢地向前爬行。蜗牛的足上生有一种腺体,叫做足腺。足腺能分泌出一种很黏液痕迹。这种黏液痕迹干了以后,就会形成一条闪闪发光的涎线。

在冬眠或夏眠时,足腺分泌出来的黏液,干涸以后在壳口形成一个薄膜,把身体严密地封闭起来,待外界环境适宜时即破膜而出。在标本室内贮藏的蜗牛标本,由于有薄膜保护,所以能数年不死。

另外,有一种像蜗牛而没有壳的蛞蝓,俗名蜒蚰,又叫鼻涕虫,它爬过的地方,也会留下一条白色发光的涎线,只是蛞蝓分泌的黏液和蜗牛分泌的黏液性质有些不同罢了。蛞蝓在纸或布上爬过后所留下的涎线痕迹,会使纸或布的质地变脆;蜗牛留下的涎线却不会。

为什么有淡水鱼和咸水鱼之分

全世界目前约有2.2万种鱼,它们分布在几乎所有尚未受到严重污染的咸水或淡水环境中。生活在海洋、湖泊、江河和溪流中的这些鱼类经历了数百万年的漫长进化期,并已习惯了各自不同的生存环境。不同的鱼类具有不同的生理机制:淡水鱼生活在缺盐的水域中,所以它们需要把盐聚集到体内;而咸水鱼则恰恰相反,它们生活在高渗环境中,所以须把多余的盐排泄出去。既可以在淡水中生存也可以在咸水中生存的鱼类则更加奇妙,它们同时具有聚盐和排盐这两种生理机制!

实际上,鱼是按照盐分耐受性进行分类的。只能在狭盐分范围的水域中生存的鱼被称为狭盐性鱼。金鱼等淡水鱼和金枪鱼等海鱼,都属于这种鱼类。能在盐分各不相同的水域中生存的鱼被称为广盐性鱼,如大马哈鱼、鳗鱼等,它们既可以从淡水地区迁徙到微咸的水域,也可以从微咸的水域迁徙到很咸的水域——当然,如果盐分变化很大,它们就需要一段适应期。

为什么许多动物在水面或在墙面上如走平地

最根本的原因是这些动物的身躯都很小。蜘蛛攀岩走避靠的是附着力,而水黾在水面上行走则靠的是表面张力和流体阻力。这些支撑力只与昆虫跟水面或蜘蛛跟墙的接触面积有关;它们的反作用力、地心引力则只与这些动物的质量有关。所以,一般情况是,大型动物更多地受地心引力和惯性的控制;小型动物则更多地受附着力和流体张力等表面力的控制。

但是,攀岩走壁和水上行走这两种现象是截然不同的。当苍蝇在竖着的玻璃板上行走时,它的跗垫和玻璃板之间的附着力足以防止它下滑或掉下来。但是,一旦苍蝇的体积增加10倍,其体积重量比就会增加大约1000倍,而它与玻璃板的接触表面积却只增加约100倍。在这种情况下,苍蝇就会掉下来,因为尽管附着力增加了,但是地心吸力增加的幅度更大,附着力已无法与地心吸力抗衡;况且,此时苍蝇的翅膀已显得太小了,根本飞不起来。水黾的腿上有一层蜡质的疏水表面,既具有疏水功能,又不会被水沾湿。所以,除非地心吸力(水黾的重量)超过水面张力的垂直反作用力,否则水黾就不会淹死。此外,由于水黾的腿部在水面上产生了压力,所以它可以在这种摩擦力近乎为零的环境中优哉游哉。

为什么海蜇会螫人

海蜇,像一个个白色的降落伞,在大海里随波逐流到处游逛。中国从辽宁至福建、广东沿海都有海蜇的分布。海蜇在动物分类上属于腔肠动物,是水母的一种,体内有95%的水分,是含水分最多的动物。海蜇的身体柔软无力,但奇怪的是接触到它的身体还会螫人呢!

原来,海蜇的触手就是它的武器。海蜇的触手上有许多刺细胞,刺细胞里除去细胞质和细胞核外,还有一个"刺丝囊"。刺细胞的外面有个刺针,一群小鱼傻头傻脑地游来了,一不小心碰上针刺,刺丝囊里的刺丝就发射出来,螫进小鱼体内。刺丝从刺丝囊中发射出来的时候,同时放出含有腐蚀的毒液,就像打了麻醉针一样,小鱼被刺丝弄得麻痹,失去了知觉。因为触手上刺细胞很多,有时海蜇还能螫死较大的鱼类。

当人碰到它的触手时,它会分泌毒液,人会被螫上一大片并感到麻痛。

海蜇并没有眼睛,但是,又好像有眼睛似的:当渔船驶过时,海蜇很快从海面下沉了。原来,海蜇身上有一种小虾,它是有眼睛的;一遇上什么动静,小虾就先看到了。小虾一活动,海蜇接到这个"报告",就跟着沉下海里去了。

为什么螃蟹吐沫

螃蟹是生活在水里的甲壳类动物,和鱼一样也用鳃呼吸。只是螃蟹的鳃和鱼的鳃不同,并不生在头部的两侧,而是由很多像海绵一样松软的鳃片组成,生在身体上面的两侧;表面由坚硬的头、胸甲覆盖着。螃蟹生活在水里的时候,从螯足和步足的基部吸进新鲜清水(水里溶解的氧就进入鳃部毛细血管中的血液里),从鳃流过后,再由口器的两边吐出。

螃蟹虽然经常生活在水里,但却和鱼不同,时常爬到陆地上寻找食物,而且离开水后也不会干死。这是由于螃蟹的鳃片里储存很多水分,离开了水,仍然和在水里一样,也能不停地呼吸,吸进大量的空气,由口器两边吐出来。因为吸进的空气过多,鳃和空气接触的面积较大,鳃里含有的水分和空气一起吐出,形成了无数气泡,越堆越多,在嘴的前面堆成很多白色泡沫。

为什么蟋蟀会斗会"叫"

把两只蟋蟀放进一个小罐里再稍加引逗,它们就很容易斗起来,或踢或咬,直到分出胜负才肯罢休。但也并不是每只蟋蟀都能斗,能斗的只是雄蟋蟀。

蟋蟀好斗，是和它的隔离习性分不开的。这类昆虫习性孤独，雄虫总是独自住在一个土穴里或土缝中，虽然在交配时期和另一个雌虫同居在一起，但绝不和同类雄虫住在一处。这种天生的孤僻特性，使它不能容纳别的雄虫接近，如果一接近，两只蟋蟀就会斗起来。

可是，雄蟋蟀这种孤独的习性，一点也没有妨碍它的交配活动，因为雄虫会发出声音招引雌虫。它的声音是靠前翅的摩擦发生的。在一只前翅的下面，长着一排微细的齿，另一只前翅的上面，长着一个突起的尖。当这对翅不停地摩擦，就产生了清亮的声音。它还可以用不同的摩擦方法发出不同的声音。比方在它独身的时候，能"唱"出具有引诱作用的"邀请歌"，使雌蟋蟀循声而至。在雌蟋蟀来到身边以后，它又会改"唱"另一种声音，刺激雌虫和它交配。

为什么傍晚时蚊虫会成群飞舞

人们在野外走路，常有成群蚊虫在头的上空来回地飞舞，随着行人而移动。原来，这成群飞舞的蚊虫，主要是雄蚊，雌蚊占少数。他们正在空中交配准备繁殖后代。

蚊虫的交配，主要在飞舞中进行。飞舞的形成，与光线、声音、空间、时间都有关系。大多数蚊虫，都在日落或日出前后进行活动，而在强光下是不飞舞的。一般说来，在1~10支烛光的亮度下最为适宜，全暗或强光都不适宜。光波的长度与飞舞似乎没有关系，但颜色却有关系，绿色比红色对飞舞有利。

各种蚊虫飞舞时还要选择适宜的地点。例如按蚊、伊蚊和库蚊，都喜欢在较大的空间飞舞，而白蚊伊蚊和埃及伊蚊，就不需大的空间也能飞舞进行交配。还有如尖音库蚊淡色亚种和致乏亚种，一般多在室外空间飞舞，但在小空间也可以飞舞而完成交配任务。

一般来说,野外的蚊类常以大空间飞舞为交配的条件。不仅如此,有些蚊类,飞舞时还要选择一定物件的上空作为场所,例如重绘按蚊,喜欢在新鲜牛粪上空30~60厘米处飞舞,边飞边交配。又如我们常见的家蚊尖音库蚊淡色亚种,则喜欢在屋檐附近飞舞。

为什么虾、蟹煮熟后会变色

虾和蟹的颜色,主要是它们的甲壳下面真皮层中散布着的色素细胞所起的作用。真皮层中散布着许多不同颜色的色素细胞。这些细胞如同其他物质一样,也能吸收和反射光线。相同的色素细胞,吸收和反射相同波长的光线,就呈现不同的颜色。淡水里和陆地上的甲壳动物,真皮层中的色素细胞没有海洋里的甲壳动物那么多种多样,因而色彩也相对显得"单调"些。

一般来说,色素细胞是随着光线的强弱而扩张或收缩的,如同人们眼睛的瞳孔放大、缩小一样。当色素细胞扩张时,细胞内的色素也随着向四周分散,细胞的面积扩大,所吸收和反射的光线也相对增多,颜色就变得明显和鲜艳起来;当色素细胞收缩时;细胞内的色素也随着缩小而集中,有时缩成极小极小的斑点群集一起,细胞的面积缩小了,所吸收和反射的光线当然也会变少,颜色就显得暗淡或不明显。各种色素细胞对光线强弱的反应不同,因比细胞的收缩和扩张情况也不一样。

虾和蟹甲壳中虽有各种不同的色素细胞,但以含有虾红素的细胞为多。经过蒸煮的虾蟹,它们的身体变成橘红色,这是因为大部分色素在高温下遭到破坏发生了分解,唯独虾红素没有遭到破坏就呈现出橘红色。凡是虾红素多的地方,如背部,就显得红些;而虾红素少的地方,如附肢的下部,就显得淡些;再如蟹的腹部无虾红素存在,尽管经过蒸煮,也不出现红色,仍然是白色。

为什么蚕最爱吃桑叶

蚕虫能吃的食物很多,除桑叶外还有柘叶、榆叶,无花果叶、蒿柳叶、蒲公英叶、莴苣叶、生菜叶,婆罗门参叶等等,不下一二十种,但是蚕最爱吃桑叶,这是因为蚕以桑叶为食物过日子的时间最多,子子孙孙一代又一代地繁殖在桑树上,逐渐地形成了最习惯于吃桑叶的特性,而且变成遗传性了。

有一位化学家曾经分析过桑叶中的气味。他把桑叶经过 132~157℃的高温蒸馏后,在试管中得到了一种油状物,像乙烯醇、乙烯醛。这种物质有挥发性,很像薄荷一类的气味,把它滴在纸上,在 30 厘米外的蚕也能嗅到。蚕嗅到这种气味以后就很快地爬过来。可见这是蚕最熟悉的信号气息。

蚕是靠嗅觉和味觉器官来辨认桑叶气味的,如果破坏了这些嗅觉和味觉器官,就是无法辨别桑叶的气味,于是,它就不再挑剔,而能随便吃些其他的叶子了。

为什么熊要冬眠?

缺乏食物是动物冬眠的主因,如果食物充足,许多熊不会冬眠,反而会整个冬天都在狩猎。但食物不多时,熊就会躲在洞中过冬。小型哺乳类动物在冬眠时体温会急速下降,但熊的体温只会下降约4度,不过心跳速率会减缓75%。一旦熊开始冬眠后,它的能量来源就从饮食转换为体内储存的脂肪。

在阿拉斯加为美国鱼类及野生动物管理局北极熊计划工作的野外生物学家汤姆伊凡斯说,这种化学作用的变化十分剧烈。脂肪燃烧时,新陈代谢会产生毒素。但熊在冬眠时,细胞会将这些毒素分解为无害的物质,再重新循环利用(人体内没有这种机制,如果毒素累积,人类会在一星期内死亡)。这种生化作用也让熊可以回收体内的水分,因此在冬眠时不会排尿。即使不冬眠,北极熊也可以利用脂肪燃烧的机制。这种清醒式冬眠让北极熊可以不躲到洞里,整个冬天都保持活跃状态。

为什么竹子长得特别快

有一位小朋友,曾经遇到这样一件事情:早晨,他将自己的帽子戴在一根刚出土不久的竹子顶上,当下午放学回家时,他跑到竹林里一看,竹子将帽子顶得高高的,他即使踮起脚也拿不着了。

植物中,竹的生长速度堪称冠军,有些竹的空心茎每天可长40厘米,完全成长后的高度可达35~40米。竹之所以长得这么快,是因为它的许多部分都在同时生长。

一般植物都是依靠顶端分生组织中的细胞分裂、变大而生长的。但竹却不一样,它的分生组织不仅顶端有,而且每一节都有。我们挖取一只竹笋来看,将它一劈为二,可以发现里面的竹节都连得很紧,好像一只压缩的弹簧。当它钻出肥沃的土壤,遇到温暖、湿润的天气时,每一节的分生组织不断产生新的细胞,相邻竹节间的距离就会逐渐拉长。如果每根竹笋有60节的话,那么它的生长速度就是其他植物的60倍。随着竹的不断长大,竹节外面包裹的鞘就会脱落,竹就停止生长了。

为什么黄山松都千奇百怪

凡是游过黄山的人,都会对那里的松树留下深刻的印象。在玉屏楼的旁边,有一棵傲然挺立的古松,它向右边伸展着枝臂,好像热情的主人在迎接来自远方的宾客,人们称它为"迎客松"。玉屏楼的对面,有几棵稳健、挺拔的古松,它们犹如笑脸可掬的主人陪伴着客人,人们称它们为"陪客松"。离开玉屏楼去莲花峰的路上,有一棵向左边伸出长枝的古松,它似乎在向离去的客人招手致意,人们则称它为"送客松"。

黄山松长得千奇百怪是那里的环境造成的。在山区,山风昼夜呼啸,从山顶不停地向下劲吹,山上的松树为了生存不得不改变自己的树形,有的变得形状如旗,有的长成伞形。黄山上大多是裸露的岩石,即使有土壤也十分瘠薄。在水分和养料都十分稀缺的地方,黄山松不得不将根系长得盘根错节,密如蛛网,把企图溜走的雨水拦住;而树干长得矮小点,叶子变得细短一些,在叶面上增加一层厚厚的蜡质,可以减少水分的蒸发。黄山松经过长年累月的风霜,在恶劣的环境中生存下来了,但在树形上却留下了岁月的痕迹。

在黄山,千奇百怪的松树多得数不清,它们在悬崖峭壁的衬托下,犹如一件件硕大的盆景,真是令人流连忘返,赞叹不已!

为什么珍稀植物多长在深山

自然界里,珍稀植物大多长在深山里,即使在城市、农村或寺庙里看到的一些珍稀植物,如银杏、水杉,也是人们引种或移栽的,可以说土生土长的珍稀植物几乎没有。这是为什么?

首先,从地质演变来看,大约三千多万年以前,地球上曾发生过多次冰川作用,从北极南下的冰川淹埋了许许多多的植物,使平原上的植物遭到了毁灭性的打击。在山区,由于高山阻挡了冰川南下,许多深山里的植物侥幸地生存下来了,这些植物为以后的发展打下了基础。

其次,山区气候多样化。由于高山的阻挡,北方的冷空气因无法跨越山脉而变性,使山谷和山沟的气温比山外要略高一些。在山区,一座1千米左右的高山,山上山下的垂直温度可相差5~6℃;不同坡间的山坡,其单位面积上接受的热量不一样。在地形复杂、气温变化大、降雨不平衡的地方,各种植物的生长和繁殖就会特别兴盛。

此外，深山里由于交通不便，植物的天敌——人类的活动较少，所以植物很少遭人类的乱砍滥伐，这又使许多珍稀植物得以保存下来。

凡此种种，天时、地利、人和，这就决定了深山里的珍稀植物特别多。

为什么玉兰先开花后长叶

自然界里，大多数植物是先长叶后开花的。但也有先开花后长叶的植物，最典型的要数玉兰了。

玉兰是上海的市花。每年初春，天气略有转暖，许多植物还未苏醒，而上海街道两旁的玉兰却在光秃秃的树枝顶端开出了洁白的花朵。过了几天，它才在枝干上吐露叶芽，然后叶片慢慢地舒展开来。

玉兰先开花后长叶主要是开花和长叶所需要的环境温度不一样。摘几根玉兰树枝来观察，可以发现它的花芽和叶芽、枝芽是分开生长的，花芽大，生于枝的顶端，在冬天就可以在树枝上看到。玉兰在冬季处于休眠状态，但到了春天，气候稍微转暖，由于花芽开放所需要的环境温度比叶芽萌发所需的温度要低，所以玉兰就先开花了。

其实先开花后长叶的植物还有很多，如迎春花、腊梅等。乍暖还寒时，迎春花就绽放娇黄的花朵，似乎向人们报告春天即将来临，因此也称"报春花"。腊梅在寒冬腊月，万物凋零时，唯它独傲冰雪而开，在山野里荡漾着一阵阵香气。

为什么秋天的落叶由绿色变成黄色或红色

春去秋来，大自然都会添新装，树叶会从绿油油的衣裳变成黄澄澄的金装,甚至换上鲜艳的红裙舞动。原来这是与树叶制造食物的功能——"光合作用"有关。光合作用就是植物吸收了阳光,巧妙地把空气中的二氧化碳及从土壤吸收的水分转变成养料。为了进行光合作用,树叶便会制造叶绿素,吸收阳光。

其实树叶里有很多不同的色素,除了叶绿素,还有叶黄素、胡萝卜素等,但树叶进行光合作用时会产生大量叶绿素,由于绿色较强,呈现出来便是绿色,所以我们见到的树叶多数是绿色。

在冬季,气温下降,而且天气比较干燥,有些地区甚至会结冰,所以在进入冬季前,植物会暂时停止光合作用,并把树叶里的养料吸回树茎储藏起来。由于树叶停止光合作用,便不再产生叶绿素,原来的叶绿素,因气温低,慢慢破坏消失。而本来在树叶内隐藏的其他色素例如黄色便会呈现出来。有些叶子变红,是因为在秋天时,这些叶子又制造了红色的花青素。不管是哪种颜色,树叶因失去它制造养料的功能,便会在秋天枯萎落下。

为什么有的桃树只开花不结果

每年的春天,我们在公园里、公路边可以看到许多盛开的桃花。花色异常鲜艳,有玫瑰色、粉红色的、白色的……一簇簇、一丛丛,姹紫嫣红,分外好看,吸引着许多游人驻足观赏。

但是这些桃树有一个特点就是只开花、不结果子。每当夏末秋初,果园里的桃树已是果实累累的时候,可是它们却只有满树浓绿的叶子。为什么这些桃树只开花不结果呢?

原来这种桃树和果园里的桃树不一样,它是专供开花观赏用的,它们的名字叫"碧桃"。结果实的桃树开的花每朵花上只有5个花瓣;而碧桃开的花每朵花上却有7~8个花瓣,有的甚至还有十几个花瓣,因此,又叫做重瓣花。

重瓣花里只有雄蕊没有雌蕊,或者雌蕊已经退化成一个小骨朵,所以这种花不能受精,自然它们只能开花而不能结果了。

在杭州西湖的苏堤和白堤两岸,遍地碧桃。每年春天此处还是主要的风景之一呢。在北京颐和园昆明湖畔、中山公园等风景区也有此类观赏的桃树。

为什么植物到一定季节才开花

春兰、夏荷、秋菊、冬梅,植物开花各有一定季节。

在植物的一生中,开花是一个很重要的环节,说明它已进入了繁殖阶段。但是,植物开花时有自己的临界温度指标和临界积温指标,如一般木本植物,其临界温度指标为6~10℃。也就是说,当两者都满足了要求时,即使处于冬眠中的植物也会苏醒过来,并且作出反应——萌芽展叶,开花结果。

还有,各种植物开花时对日照的要求不一样,有的需要超过一定日照限度时才能开花,被称为"长日照植物";有的短于一定日照限度时才能开花,被称为"短日植物"。在自然界里,短日照植物多在早春或秋季开花,长日照植物多在暮春或初夏开花,因为前者日短夜长,后者日长夜短。不过,有的植物对日照长短要求并不严格,只要条件合适就能正常开花结果,这些植物被称为"中日照植物"。

我们掌握了植物开花的规律以后,只要改变它们的生长环境,或者加温,或者照光,或者遮光,就可以改变它们的开花季节。

为什么仙人掌多肉多刺

仙人掌的老家在南美和墨西哥,它的祖辈们面对严酷的干旱环境,与滚滚黄沙斗，与少雨缺水、冷热多变的气候斗，千千万万年过去了，它们终于在沙漠站稳脚跟，然而体态却变了样，叶子不见了，茎干成为肉质多浆多刺了。

这种变化对仙人掌之类植物大有好处。大家知道，植物的喝水量很大，它喝的水大部分消耗于蒸腾作用，叶子是主要的蒸腾部位，大部分水分都要从这里跑掉。据统计，每吸收100克水，大约99克通过蒸腾跑掉，只有1克保持在体内。在干旱的环境里，水分来之不易，哪里承受得起这样巨额支出呢？为对付酷旱，仙人掌的叶子退化了，有的甚至变成针状或刺状，这就从根本上减少蒸腾面，"紧缩水分开支"。仙人掌节水能力到底有多大？有人把株高差不多的苹果树和仙人掌种在一起，在夏季里观察它们一天消耗的水量，结果是苹果树消耗10~20千克，而仙人掌却只消耗20克，相差上千倍。这不是仙人掌的吝惜，而是生存的需要。把一株具有茂密叶片的苹果树栽在沙漠里，它肯定就活不了。

仙人掌的刺也有多种，有的变成白色茸毛，密披身上，它可以反射强烈的阳光，借以降低体表温度，也可以收到减少水分蒸腾的功效。